信息科学技术学术著作丛书

事件触发策略下多智能体鲁棒协同控制

蔡光斌　吴　彤　王　婕　席建祥　著

科学出版社

北　京

内 容 简 介

本书以多智能体协同控制为基础，通过引入图论、滑模控制理论、Lyapunov 稳定性理论、事件触发控制策略、固定时间稳定性理论、隐私掩码函数以及人工势场法等，重点研究事件触发策略下多智能体系统的鲁棒一致性、固定时间编队控制、隐私保护编队控制、网络攻击下安全编队控制、避碰条件下编队控制以及基于合作-竞争关系的二分一致性等关键科学问题。本书由控制理论出发，以解决实际工程问题为目标，面向多飞行器、多机器人等对象，由浅入深，帮助读者逐步理解和掌握多智能体系统的鲁棒协同控制理论。

本书适合控制科学与工程、通信与信号处理等专业的本科生及研究生阅读，同时可供相关专业的高校师生、科研工作者和工程技术人员参考。

图书在版编目(CIP)数据

事件触发策略下多智能体鲁棒协同控制 / 蔡光斌等著. — 北京：科学出版社, 2025.3. — (信息科学技术学术著作丛书). — ISBN 978-7-03-079436-9

Ⅰ. TP273

中国国家版本馆CIP数据核字第2024LK3872号

责任编辑：张艳芬 / 责任校对：崔向琳
责任印制：师艳茹 / 封面设计：无极书装

科 学 出 版 社 出版
北京东黄城根北街 16 号
邮政编码：100717
http://www.sciencep.com

北京九州迅驰传媒文化有限公司印刷
科学出版社发行 各地新华书店经销
*
2025 年 3 月第 一 版 开本：720×1000 1/16
2025 年 3 月第一次印刷 印张：10
字数：199 000
定价：118.00 元
(如有印装质量问题，我社负责调换)

"信息科学技术学术著作丛书"序

21 世纪是信息科学技术发生深刻变革的时代,一场以网络科学、高性能计算和仿真、智能科学、计算思维为特征的信息科学革命正在兴起。信息科学技术正在逐步融入各个应用领域并与生物、纳米、认知等交织在一起,悄然改变着我们的生活方式。信息科学技术已经成为人类社会进步过程中发展最快、交叉渗透性最强、应用面最广的关键技术。

如何进一步推动我国信息科学技术的研究与发展;如何将信息技术发展的新理论、新方法与研究成果转化为社会发展的推动力;如何抓住信息技术深刻发展变革的机遇,提升我国自主创新和可持续发展的能力? 这些问题的解答都离不开我国科技工作者和工程技术人员的求索和艰辛付出。为这些科技工作者和工程技术人员提供一个良好的出版环境和平台,将这些科技成就迅速转化为智力成果,将对我国信息科学技术的发展起到重要的推动作用。

"信息科学技术学术著作丛书"是科学出版社在广泛征求专家意见的基础上,经过长期考察、反复论证之后组织出版的。这套丛书旨在传播网络科学和未来网络技术,微电子、光电子和量子信息技术、超级计算机、软件和信息存储技术、数据知识化和基于知识处理的未来信息服务业、低成本信息化和用信息技术提升传统产业,智能与认知科学、生物信息学、社会信息学等前沿交叉科学,信息科学基础理论,信息安全等几个未来信息科学技术重点发展领域的优秀科研成果。丛书力争起点高、内容新、导向性强,具有一定的原创性,体现出科学出版社"高层次、高水平、高质量"的特色和"严肃、严密、严格"的优良作风。

希望这套丛书的出版,能为我国信息科学技术的发展、创新和突破带来一些启迪和帮助。同时,欢迎广大读者提出好的建议,以促进和完善丛书的出版工作。

中国工程院院士

原中国科学院计算技术研究所所长

李国杰

前　言

　　多智能体系统由多个具备通信能力的智能体组成，通过智能体与其邻近智能体间的交流，使所有智能体趋于一致，协同实现单一智能体无法实现的复杂任务。随着任务环境复杂性和不确定性的不断提高，多智能体系统由于结合了智能体自身的性能优势和多智能体的数量优势，受到各国科研人员的重视，并开始应用于军事和民用领域。然而，多智能体系统在实际应用中仍面临许多挑战，如多智能体系统在执行协同任务时需要考虑通信资源受限、任务完成时间受限、智能体状态隐私泄露、智能体间通信网络被攻击、智能体间存在碰撞隐患以及智能体间存在合作-竞争关系等难点问题。针对上述种种问题，多智能体系统的事件触发控制、固定时间控制、隐私保护控制、网络安全控制、避碰控制等值得深入研究，相关技术的研究可为多智能体协同控制理论及应用的发展提供技术支撑。

　　利用多智能体系统解决实际问题，可以将复杂的问题简单化，增加系统的抗干扰能力，并使系统的工作效率得以提升。考虑上述多智能体协同控制的难点问题，本书将图论、滑模控制理论、Lyapunov 稳定性理论、事件触发控制策略、固定时间稳定性理论、隐私掩码函数以及人工势场法等应用于多智能体协同控制中，使得多智能体系统在复杂环境下的鲁棒协同控制成为可能，在理论和应用层面突破多智能体协同控制的发展瓶颈。书中相关研究成果可为军事和民用领域的科学技术发展提供可行思路：①在军事领域，随着防空反导技术的不断发展，单个飞行器完成突防与攻击变得愈加困难。为有效突破敌反导拦截系统，精确遂行作战打击任务，利用多飞行器协同攻击单个目标，可提高对敌防御系统的突防概率与作战效能；②在工业实际生产中，通过多机器人协同工作，可提高工作效率，进而提升工厂经济效益；③在民用领域中，消防救援机器人通过多个机器人间的信息共享，对周围进行快速搜索并实施救援，在火灾、水灾以及地震等自然灾害的抢险救援中发挥着无可替代的作用，带来深远的社会效益。

　　全书共 8 章。第 1 章为绪论，主要介绍多智能体系统的概述以及协同控制的研究现状；第 2 章主要介绍图论、Lyapunov 稳定性理论、滑模控制理论等基础知识；第 3 章研究事件触发策略下多智能体系统鲁棒一致性问题；第 4

章研究多智能体系统固定时间事件触发编队控制问题；第 5 章研究隐私保护下多智能体系统事件触发编队控制问题；第 6 章研究网络攻击下多智能体系统事件触发编队控制问题；第 7 章研究避碰条件下多智能体系统事件触发编队控制问题；第 8 章研究基于合作-竞争关系的多智能体系统事件触发二分一致性问题。

　　本书得到国家自然科学基金等项目的资助(62473374, 62403487, 62125303, U2441243)。此外，本书得到课题组成员徐慧、薛亮、肖永强、李欣、郑惠、魏昊、叶子绮、刘静文、王旭、范绪恩、代恩诚、鲁吉祥等的协助，在此表示感谢。另外，本书参考了众多国内外学者的研究成果，在此一并表示衷心的感谢。

　　限于作者水平，书中难免存在不妥之处，恳请读者批评指正。

作　者

目　　录

第1章 绪 论

在自然界中，当大量生物个体聚集在一起时，往往可以形成协调、有序，甚至震撼人心的运动场面，如海豚的合作捕食、大雁的集体迁徙以及狼群的狩猎行动等。受这些群体现象所表现出的自主、协调、稳定等特点的启发，美国麻省理工学院的 Minsky 提出了智能体(agent)这一概念，并将自然界生物群体中的每个个体的社会行为应用到工程和计算机领域中，从而实现对复杂实际问题的简单处理。由此可见，多智能体协同控制对于高效完成控制任务具有极其重要的理论意义与战略价值。本章首先介绍多智能体系统的基本概念以及研究意义，其次介绍多智能体系统协同控制的研究现状，然后给出本书的结构特点及内容安排，最后给出本章小结。

1.1 多智能体系统概述

多智能体系统是人工智能的一个重要分支，通常用于处理复杂的实际问题，而此实际问题往往是单个智能体无法处理的。近年来，多智能体系统越来越成为人工智能领域的核心。在人工智能领域著名的国际人工智能联合会议(International Joint Conference on Artificial Intelligence, IJCAI)上，IJCAI 计算机与思维奖的获得者许多都来自多智能体系统这一前沿领域。近些年来，多智能体系统越来越受各国科研人员的重视，其已被应用于航空航天等重要领域(图 1.1)。

图 1.1　多智能体控制系统在航空航天等领域的应用

多智能体系统由很多个具备通信能力的智能体组成，通过智能体与其邻近智能体间的交流，使所有智能体趋于一致，协同实现单一智能体所无法实现的复杂任务。与此同时，多智能体系统的应用不仅仅局限于航空航天等领域，还可应用于消防救援中，如消防救援机器人(图 1.2)，它通过多个机器人间的信息共享，对周围进行快速搜索并实施救援。利用多智能体系统解决实际问题，可以将复杂的问题简单化，增加系统的抗干扰能力，并使系统的工作效率得到提升。

图 1.2　机器人合作组织救援、安全防护

从系统阶数上看，多智能体系统可分为一阶系统、二阶系统和高阶系统[1-4]。多智能体系统可从结构上分为集中式、分散式和分布式三种[5-7]。集中式多智能体系统是一种自上而下的层次控制结构，由所选中的一个智能体统控制整个系统。其优点是协调性较好，但存在动态性能较差等缺点。分散式多智能体系统是指每个智能体都是独立的，自主进行信息处理并决策。分散式多智能体系统具有良好的容错能力，但其缺点是对通信要求较高，实现系统的整体目标较为困难。分布式多智能体系统结合了前面二者的优点，同时具备容错性、实时性等优势，提高了系统的协调效率，因此广泛应用于实际工程中。

尽管多智能体系统在理论研究中取得了显著进展，但在实际应用中仍面临诸多挑战。例如，在执行协同任务时，多智能体系统需要应对通信资源有限、任务时间约束严格、智能体状态信息泄露、通信网络遭受攻击、潜在的碰撞威胁以及智能体间的合作-竞争关系等诸多挑战。为应对这些挑战,有必要对事件触发控制、固定时间控制、隐私保护控制、网络安全控制以及避碰控制等领域进行深入研究,进而突破多智能体系统控制技术的发展瓶颈,并推动其在实际场景中的广泛应用。综上所述,多智能体系统已成为控制领域的研究热点之一,正处于蓬勃兴起的研究阶段,可以应用于军事和民用等重要领域,因此需要进一步研究,以拓宽多智能体系统的应用领域。

1.2 多智能体系统协同控制研究现状

1.2.1 多智能体系统鲁棒协同控制

多智能体系统协同控制是指每个智能体通过与其邻近智能体进行通信,并根据自身状态信息,最终使所有智能体的状态趋于一致。多智能体协同控制通过智能体间的信息交换、任务分配、协同合作等来完成单个智能体所不能完成的复杂任务,具有自主性强、协调性高等特点,可以提升控制系统的鲁棒性、灵活性和可靠性。协同控制主要包括一致性(consensus)、编队(formation)、群集(flocking)、蜂拥(swarming)、聚集(rendezvous)等[8-12],其中一致性是多智能体协同控制的基础,其他行为都可以由一致性的概念衍生得到。在多智能体系统协同控制中,一致性控制和编队控制问题最为重要,本书主要针对这两种形为对多智能体系统的协同控制展开介绍。

鲁棒性是多智能体协同控制中一个基础且重要的性能指标,主要是指多智能体在外界干扰存在的条件下,仍能保证实现协同控制任务的能力。为提升多智能体协同控制的鲁棒性,通常可采用 H_∞ 控制、滑模控制、自适应控制、神经网络控制等,其中滑模控制设计较为简单,具有快速响应、对参数变化及扰动不灵敏、无需系统在线辨识、物理实现简单等优点,在多智能体协同控制领域应用广泛。

一致性是多智能体系统协同控制的基础,这一思想于 20 世纪 70 年代在统计学领域被首次提出[13]。随后,文献[14]从系统理论的角度给出了一阶系统一致性问题的定义,并设计了线性一致性算法。进一步,文献[15]将一致性算法拓展至二阶多智能体系统。至此,有关多智能体系统的一致性控制研究逐渐走向成熟,有一阶系统、二阶系统、高阶系统的一致性控制研究;有线性系统、非线性系统的一致性控制研究[16,17];有连续系统、离散系统的一致性控制研究[18,19];有固定拓扑和切换拓扑的一致性控制研究[20,21]。考虑到多智能体系统的鲁棒性和抗干扰能力, 文献[22]在一致性算法的设计过程中引入滑模控制, 有效提升了系统的鲁棒性和对外部干扰的抑制能力。

编队控制是当前多智能体系统研究的重点, 旨在通过智能体间的相互交流维持智能体的编队队形, 在军事、民用等各个领域都具有良好的发展空间。多智能体编队尤其以多飞行器编队最为常见, 如图 1.3 所示。针对无人机编队控制问题, 文献[23]设计了基于群集行为的分布式多无人机编队控制和避障控制算法, 但其未考虑无人机的抗干扰能力。基于此问题, 文献[24]在编队控制器设计过程中引入滑模控制, 有效解决了无人机编队过程中对外部干扰抑制的问题, 但其在很大程度上依赖被控对象的精确模型, 为解决这个问题, 文献[25]提出了一种基于领航-跟随者模型的模糊控制算法来实现多智能体系统的编队控制任务, 不依赖于被控对象精确模型, 但其编队队形保持的稳定性不能得到保障。在多智能体编队控制的研究中, 最重要的问题当属队形控制和保持问题。为了保证多智能体系统在编队过程中队形不变, 需要对智能体编队飞行的控制策略进行深入研究。

图 1.3　飞行器编队

从控制策略上编队方法主要分为主从式(leader-follower)方法、基于行为法(behavior-based)、虚拟结构法(virtual structure)、人工势场法(artificial potential field)等。主从式方法是较为简单的编队控制策略，其主要思路是领导智能体根据期望轨迹进行平稳运动，而跟随智能体通过与领导者交流获得其状态，并根据期望编队距离与领导者保持相应的编队队形。基于行为法的多智能体编队通常应用于机器人协同控制[26]，其主要思路是针对智能体编队控制过程中存在的多种行为，如编队期望轨迹的跟踪、编队的避碰等进行加权，进而设计多智能体编队控制器。虚拟结构法是指通过设计一个虚拟的领导者协调其他智能体。人工势场法通过构造引力场函数来吸引智能体保持队形。

目前，基于一致性的多智能体编队控制已成为热门研究方向。一致性是指每个智能体通过与其邻近智能体进行通信，同时根据自身状态信息，最终使所有智能体的状态趋于一致。文献[27]提出实现智能体一致性的速度匹配原则：要求每个智能体的速度大小相同，方向根据邻近智能体的信息，按多智能体的平均方向进行更新。文献[28]和文献[29]根据代数图论进行分析，得到了智能体状态趋于一致的通信拓扑条件。考虑多智能体系统一致性的收敛时间，文献[30]和文献[31]设计了有限时间一致性控制方案。文献[32]采用虚拟结构方式，为二阶多智能体系统设计了一致性控制算法。文献[33]考虑到多智能体系统存在未知参数的情况，设计了自适应一致性控制器。文献[34]和文献[35]对多拉格朗日系统进行深入研究，为多智能体系统的协同控制提供了一般方法。文献[36]和文献[37]通过主从式控制方法为多智能体系统设计了编队控制器。文献[38]基于领航-跟随框架设计了滑模编队控制算法。文献[39]采用分层模型预测方法，在多无人机保持队形的同时，解决了障碍物躲避问题。文献[40]针对多无人机的时变编队问题，设计了基于一致性的多智能体编队控制器。文献[41]研究了多无人机的分布式编队问题，设计了基于滑模控制、系统存在输入饱和、基于动态面的三种不同编队控制方法并通过仿真进行验证。

1.2.2 多智能体系统事件触发协同控制

传统一致性控制假设智能体可连续获取其邻近智能体的状态信息，而智能体间的持续通信会使控制器连续更新，导致大量的资源浪费，需要足够的控制资源以及理想的通信环境支持。随着多智能体系统规模的扩大以及协同任务复杂性的提高，对控制资源及通信带宽提出了更高要求，而通信及控制资源总是有限的，因此上述理想情况在实际应用中并不可行。为了节省有限的通信及控制资源，避免不必要的通信传输及控制器更新，人们将采样控制引入多智能体系统的一致性问题中[42]。采样控制主要分为时间触发采样控制和事件触发采样控制。时间触发采样控制系统框图如图 1.4 所示，其根据所设定的时间常数，对系统的状态进行周期性采样。然而，这种以固定时间触发的采样方案会浪费大量的通信资源，且智能体自身携带的微处理器能量有限，很难适应大量数据以及频繁周期性数据的传输。因此，时间触发采样控制虽然可在一定程度上降低通信次数以及控制器更新次数，但效果不佳。基于此，事件触发采样控制被认为是可替代时间触发采样控制的一种方法，可有效节省通信及控制资源。

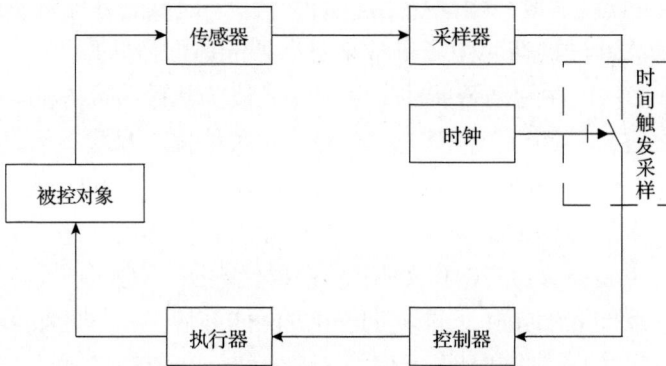

图 1.4　时间触发采样控制系统框图

　　事件触发采样控制系统框图如图 1.5 所示。被控对象状态信息的采集是基于事件的而非基于时间或实时的，通过设计触发条件，只有当量测误差超过设计的触发阈值时，控制器才会更新，从而避免不必要的信息传输，节省通信及控制资源。

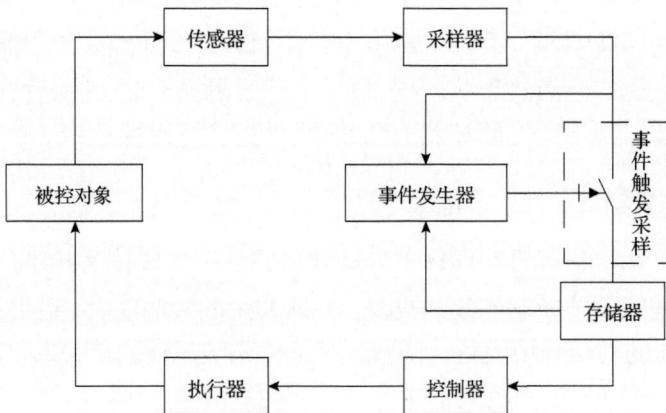

图 1.5　事件触发采样控制系统框图

　　针对多智能体系统事件触发协同控制问题，文献[43]对分布式事件触发控制器进行了研究，并验证了事件触发框架适用于一阶多智能体系统。文献[44]

讨论了二阶多智能体系统的事件触发一致性问题，但其智能体间的通信本质上是连续的。为减少智能体间不必要的数据传输，文献[45]将事件触发方案扩展到交互通信拓扑，通过对相邻智能体状态的开环估计，避免了智能体间的连续通信。然而，文献[43]～[45]所设计的事件触发机制都是对系统的状态进行连续采样，这不仅需要额外的硬件设施，还要求传感器具有很高的精度。为此，文献[46]针对一般动态方程多智能体系统的一致性问题提出一种新的分布式事件触发方案，并提出了自触发算法以避免量测误差的持续监测。但是，自触发具有保守性，会减少触发间隔，增加触发次数。最近，文献[47]提出一种全新的触发机制——周期采样事件触发，它既没有自触发的保守性，又不需要对系统状态进行连续监测，减少了控制成本。除此之外，文献[48]进一步将周期采样事件触发与滑模控制相结合，在减少资源损耗的同时，增强了控制系统的鲁棒性。

1.2.3 多智能体系统固定时间协同控制

在多智能体系统协同控制问题的研究中，收敛速率是判断一个系统控制性能好坏的重要指标，也是协同任务成功与否的关键。目前，关于多智能体协同控制问题的研究得到的大多数结果都是渐近稳定的，这表明多智能体实现协同无法在有限时间内完成。然而，大部分实际系统都需要在规定的时间内实现协同任务，因此有限时间控制被提出来解决该问题。与渐近收敛结果相比，有限时间控制具有收敛速度快、鲁棒性强的特点，逐渐得到广泛应用。针对多智能体系统的有限时间一致性控制方法主要有有限时间齐次性方法和有限时间Lyapunov稳定性理论。Bhat 等[49]首先探讨了有限时间和齐次系统之间的关系，进而派生出有限时间齐次理论。基于该理论，Hong 等[50,51]将其用于系统有限时间控制器设计中，这也为研究多智能体系统有限时间一致性问题奠定了理论基础。Guan 等[52]分别针对通信拓扑为固定拓扑和切换拓扑两种情形下的二阶多智能体系统，提出了基于齐次性理论的有限时间一致性控制算法。在系统的控制器设计和稳定性分析中，基于 Lyapunov 函数的有限时间稳定性理论显示出良好的灵活性，更适用于高阶动力学系统，且可以明确给出闭环系统显式收敛时间表达式。文献[53]分别针对在通信拓扑为无向图和有向图情形下的一阶多智能体系统，基于 Lyapunov 稳定性理论设计了有限时间一致性控制算法。文献[54]针对带有非匹配扰动的高阶多智能体系统，利用非奇异终端滑模控制方法提出了有限时间控制器。值得注意的是，有限时间控制策略的收敛时间与智能体的初始条件明确相关。然而，在初始条件部分未知，或较大干扰引起初始状态显著变化时，会引起收敛时间过大等问题，限制了有限时间控制方法在实际中的应用[55,56]。

为了解决有限时间收敛的缺点，Polyakov[57]提出一种扩展的全局有限时间稳定性概念，有限时间稳定的条件与系统的初始状态值无关，该概念被称为固定时间稳定性。固定时间稳定性在多智能体系统的一致性控制与编队控制中得到了广泛应用，其稳定时间的上界仅与控制器的设计参数和多智能体的代数连接性相关[58]。文献[59]首先针对最简单的一阶多智能体系统，设计了固定时间控制器，进一步，文献[60]针对二阶多智能体系统，运用滑模控制方法设计了固定时间控制器。文献[61]和文献[62]针对具有高阶积分动力学的非线性多智能体系统，提出了固定时间一致性控制策略。然而，这些研究仅实现了固定时间一致性，并未考虑编队问题。基于此，文献[63]研究了多机器人系统的固定时间编队控制问题，并对时变编队与静态编队结果进行了比较。文献[64]研究了固定拓扑下二阶多智能体系统的固定时间一致性问题，并将其成功应用于非完整约束的单轮机器人编队控制中，同时保证了系统的鲁棒性。此外，文献[65]设计了一种分布式连续时间算法来解决凸优化问题，使其在固定时间达到最优值，并在任何时刻都满足等式约束。除了收敛性能，控制消耗成本也是控制器设计需要考虑的关键因素。在上述研究中，未考虑通过事件触发策略来节约控制资源，无法避免因控制器的持续通信和更新而导致的通信资源浪费。为节省通信资源，文献[66]和文献[67]研究了网络化线性多智能体系统的有限时间事件触发一致性控制算法。文献[68]考虑了输入延迟和不确定干扰，通过事件触发控制实现了多智能体系统的固定时间一致性。

1.2.4　多智能体系统隐私保护协同控制

多智能体系统大多数都需要通过智能体之间的协作完成一项共同任务，而协作意味着不能放弃智能体之间的信息交换[69,70]。通常，多智能体网络化系统的一致性要求网络中的智能体与其邻近智能体之间交换各自的状态信息以协调完成彼此的任务，这可能导致智能体状态的隐私泄露[71,72]。如果信息敏感，会涉及智能体的隐私保护问题。在多智能体动态系统中，隐私保护旨在避免完成分布式任务时泄露智能体的初始状态。

近些年来，许多学者针对多智能体系统的隐私保护一致性问题展开了研究[73-75]，在保护每个智能体初始状态隐私的条件下，仍可实现多智能体的一致性。文献[73]和文献[74]研究了多智能体系统隐私保护的平均一致性问题，多智能体的隐私保护平均一致性是指一致性算法不仅可以保证每个智能体初始状态的隐私，还可以使每个智能体收敛到初始状态的平均值。文献[75]设计了一种新型的隐私保护方法，将其应用于最大一致性算法中，并对被网络化系统中其他智能体识别的可能性进行了详细分析。这些研究中的隐私保护分析方法是基于估计理论的，其分析方法不是固定的计算公式。差分隐私作为一种经典的隐私保护方法，引起了研究学者的广泛关注。目前，基于差分隐私方法，学者们取得了许多与多智能体系统一致性问题相关的理论成果[76-78]。文献[76]首次利用差分隐私方法对多智能体系统隐私保护一致性问题进行了分析。针对一般平均一致性问题，文献[77]证明了任何差分隐私算法都无法达到精确的一致性。进一步，文献[78]系统地分析了多智能体系统的隐私保护平均一致性问题。此外，文献[79]将事件触发机制应用于差分隐私算法，减少多智能体之间通信的同时，实现隐私保护平均一致性。值得注意的是，上述隐私保护算法均基于离散多智能体系统，都是通过添加随机噪声来实现隐私保护。这种方式将导致多智能体系统的均方平均一致性，而不是精确的平均一致性。此外，由于添加了随机噪声，文献[73]～[79]中得出的结果仅能通过统计数据进行验证。进一步，文献[80]给出了连续多智能体系统隐私保护的系统理论框架，文献[81]利用文献[80]的方法，考虑事件触发机制，将其推广应用到具有时延的多智能体网络化系统的隐私保护平均一致性问题,实现了连续多智能体系统的隐私保护精确平均一致性。

1.2.5　网络攻击下多智能体系统协同控制

多智能体系统依赖通信网络实现信息交互，然而网络攻击在通信网络中普遍存在，成为当前面临的重要安全威胁。这些攻击不仅会大幅降低系统性能，严重时甚至可能导致整个系统瘫痪。网络攻击主要有两种：一种是欺骗攻击[82,83]，通过修改数据包破坏数据的完整性和可靠性；另一种是拒绝服务（denial of service, DoS）攻击[84,85]，通过切断通信通道阻止智能体间进行信息交换。欺骗攻击包括数据修改、虚假数据注入、数据重放。文献[86]提出了虚假数据注入攻击。在这种攻击策略下，攻击者向电网系统注入虚假数据，误导了对电网系统的估计。文献[87]采用解耦方法研究了一类受欺骗攻击的非线性连续时间多智能体系统的采样一致性问题。由于网络波动和资源有限，欺骗攻击可能会通过随机注入错误信息来破坏通信网络中的样本数据。文献[88]以随机方式对欺骗攻击者的活动进行建模，并研究了欺骗攻击下多智能体系统的均方同步控制。文献[89]研究了欺骗攻击下的一类离散随机非线性多智能体系统的一致性问题。由于欺骗攻击的引入会增加独立于系统参数的变量，从而增加整个系统的计算量，因此在多智能体系统中考虑欺骗攻击的研究成果不多。

实际上，从资源有限的角度来看，DoS 攻击相对简单，更有可能由攻击者发起。DoS 攻击的目标是通过耗尽目标系统的网络资源，使合法用户的请求不可以被合理满足。针对此问题，文献[90]提出了一种混合框架，当 DoS 攻击满足一定的设计条件时，可以实现多智能体系统的安全一致性。文献[91]研究了不同攻击强度的 DoS 攻击下的异构多智能体网络的领导者-跟随者一致性问题，应用切换系统模型对不同攻击强度的 DoS 攻击现象进行建模，并建立了攻击参数与一致性能之间的关系。Feng 等[92]通过随机马尔可夫过程来表示 DoS 攻击序列，以此研究连续和离散多智能体系统的安全一致性问题。Amullen 等[93]考虑 DoS 攻击下多智能体系统的编队控制问题，提出了一种基于分布式模型的弹性控制算法。Gao 等[94]研究了一类具有不确定性高阶严反馈非线性多智能体系统在传感器和执行器遭受 DoS 攻击下的平均一致性问题，通过设计一个完全自适应分布式通信协议去补偿传感器和执行器的攻击。进一步，文献[95]综合考虑通信资源受限、通信网络中存在 DoS 攻击以及线性不确定系统存在外部干扰等复杂情况，将滑模控制与事件触发机制相结合，用于 DoS 攻击情况下的控制器设计。然而，文献[95]所提方法并不适用于多智能体系统。目前，将事件触发策略应用到网络攻击下多智能体系统一致性中的研究相对较少。Xu 等[96]针对 DoS 攻击下的不可靠网络，设计基于事件触发的控制器，来有效调整可能受到攻击的信息传输，确保领导者-跟随者多智能体系统一致性能够实现。针对周期性 DoS 攻击，Cheng 等[97]考虑了基于事件触发机制的线性多智能体系统一致性问题。文献[98]考虑非周期 DoS 攻击，基于 Lyapunov 函数得到关于攻击频率和攻击持续时间的充分条件，提出一种基于事件触发的安全一致性算法，实现了非周期 DoS 攻击下有领导者多智能体系统的一致性控制。

1.2.6　避碰条件下多智能体系统协同控制

多智能体在协同工作时难免会发生碰撞，使得整个系统无法正常运行，造成不可估计的损失。因此，碰撞避免问题已成为研究多智能体系统不可或缺的一部分。为解决这一问题，科研人员进行了深入研究，并取得了相应的成果，代表性的方法有遗传算法、神经网络算法、粒子群算法以及人工势场法等。遗传是生物进化的核心。随着遗传算法[99]的不断发展，我国一些研究者开始使用其来研究多智能体系统的避碰问题。文献[100]通过遗传算法进行避碰决策，在考虑避让措施的情况下对每个智能体进行路径规划；文献[101]通过建立多种群遗传算法,对智能体避碰决策的最优路径进行规划,提高了算法的有效性;文献[102]建立了智能体碰撞危险度模型来对多智能体避碰进行研究。遗传算法不会陷入局部极小点,对周边环境的适应能力较强,但其效率通常低于其他避碰方法,且遗传算法容易出现过早收敛的问题。神经网络是一种模仿生物神经网络结构和功能的数学模型。由神经网络控制多智能体系统的运动可使智能体根据周围环境进行导航方法的转变,为进一步在多智能体系统中应用神经网络,文献[103]将博弈论应用于多智能体的目标追踪中,但这种方法没有考虑到智能体间的避碰问题。基于此,文献[104]提出了一种基于 BP 神经网络的多智能体避碰预测方法,智能体在运动时,通过建立 BP 神经网络预测模型,从而对其他智能体的运行轨迹进行预测和评估,并建立智能体运动决策模型,使智能体在运行过程中考虑与其他智能体的相对位置关系并做出预测,为智能体的避碰提供参考依据。神经网络具备联想储存功能和快速搜寻优化解的能力,但其缺点是没有任何依据来解释自己的推理过程。

粒子群算法[105]源于对鸟群捕食等自然界生物群体现象的模拟。粒子群算法与遗传算法的主要思路类似,不同点为:基于自身和群体的运动经验,每个随机生成的粒子,采用两者结合的方式拟定运动规则,对其自身下一时刻的速度和位置进行调整,从而达到避碰的效果。粒子群算法搜索效率高,算法简单,但其缺少对速度的动态调节能力,存在陷入局部最优的问题,导致系统不易收敛。人工势场法[106]是指将多智能体系统中每个智能体均视为带正/负电荷的粒子,将系统的环境按研究者的定义划分为引力场和斥力场,通过与智能体间的相互作用,构成整个环境的虚拟力场,其中引力场可引导智能体到达指定位置,斥力场可使智能体与智能体间避免碰撞。人工势场法是解决多智能体避碰问题十分有效的方法,具有数学运算简单、算法复杂度低等优点。然而,人工势场法并未对路径规划是否达到最优或次优进行分析和讨论,存在局部最优解问题。为了改进此问题,文献[107]提出了基于领导者-跟随者的编队控制方法,并通过人工势场法合理规划领导者的行动路径,从而保证整个系统的稳定性;文献[108]针对人工势场法所带来的局部最优问题,通过加入回环力,使智能体可以绕过局部最优点,进而实现编队控制;文献[109]针对此问题进一步引用了混沌理论的搜索算法,使所采用的人工势场法可以适应复杂的环境,不会陷入局部最优;文献[110]~[115]将人工势场法进一步改进,应用改进的斥力场势能函数实现多智能体的避碰,并通过主从式方法实现多智能体系统的协同控制。

1.2.7 基于合作-竞争关系的多智能体系统协同控制

在上述多智能体系统协同控制的研究中，智能体之间都是合作关系，实际上，智能体之间可能存在竞争关系。例如，在经济系统中，当代理人争夺有限的资源时，就会出现双头垄断制度。在一些多机器人系统中，机器人需要与其队友合作，同时与敌对机器人竞争。在生物系统中，当基因之间的相互作用是合作时，一对基因被认为是激活剂；当它们之间的相互作用是竞争时，一对基因被认为是抑制剂。为了能够研究多智能体系统的合作竞争关系，人们提出了二分一致性这一概念。二分一致性[116-118]是指将所有智能体分成两组，每组内的智能体能够达到一致，且两组一致性的值大小相等符号相反。二分一致性考虑多智能体系统的通信拓扑图为符号图，它是指邻接矩阵的权值分为正负两种情况，正代表合作而负代表竞争。Zhang 等[119]研究了一阶线性多智能体系统的二分一致性问题，结果发现符号图下的二分一致性问题可以等价为非负权重图下的一致性问题，并证明系统若要达成二分一致性，符号图可以由强连通的条件放宽到有一个生成树的条件。Wang 等[120]针对一类具有外部干扰的非线性多智能体系统，分别探讨了其在固定拓扑和切换拓扑下的领导者-跟随者二分一致性问题，并证明在所设计的输出反馈控制协议下系统最终可以实现二分一致性。文献[121]考虑有向图下二阶多智能体系统的二分一致性跟踪问题，提出一种考虑相邻状态的时变函数控制器，以保证系统轨迹约束在流形上，从而在预设时间内实现二分一致性跟踪。文献[122]表明，在连接和结构平衡的通信拓扑下，使用对数量化器对信号进行处理，所有智能体都可以保证渐近地达到二分一致性。

为了节省有限的通信及控制资源，文献[123]研究了线性多智能体系统的事件触发二分一致性问题，在两种事件触发机制的基础上，提出了基于观测器的二分一致性控制方案，一种用于邻居之间的通信，另一种用于控制器更新。文献[124]利用分布式事件触发机制和低增益反馈技术研究了具有输入饱和的线性多智能体系统二分一致性问题，且分别讨论了通信拓扑图为无向和有向两种情况。Duan 等[125]利用动态事件触发机制研究了线性多智能体系统基于输出反馈的二分一致性问题，并设计了一种监测方案以避免对触发条件进行连续验证，从而降低通信压力。文献[126]研究了一阶多智能体系统的预定时间事件触发二分一致性问题，基于 Lyapunov 稳定性理论和代数图论，建立了所设计参数的允许取值范围，保证所有智能体在预先指定的时间内达到二分一致性。考虑到通信链路中存在网络攻击，文献[127]研究了受 DoS 攻击影响的合作-竞争网络下的二分一致性问题，提出了一种依赖于邻近智能体采样数据信息的事件触发机制，并提出了应对 DoS 攻击的有效防御策略。文献[128]针对传感器欺骗攻击下的多智能体系统，提出了一种新的自适应二分一致性跟踪策略，开发了一种基于最短路径技术的分层算法，将多智能体的二分一致性跟踪问题重铸为单个智能体的跟踪问题，并克服了对拉普拉斯矩阵的任何全局信息的依赖。进一步，文献[129]同时考虑非周期 DoS 攻击和虚假数据注入攻击，研究了复杂网络攻击下多智能体系统的事件触发安全二分一致性问题。

1.3 本书结构特点及内容安排

本书以多智能体协同控制为基础，重点研究事件触发策略下多智能体系统的鲁棒一致性、固定时间编队控制、隐私保护编队控制、网络攻击下安全编队控制、避碰条件下编队控制以及基于合作-竞争关系的二分一致性等问题。全书由控制理论出发，以解决实际工程为目标，面向多飞行器、多机器人等对象，引入图论、滑模控制理论、Lyapunov 稳定性理论、事件触发控制策略、固定时间稳定性理论、隐私掩码函数以及人工势场法等解决关键科学问题，并通过数学推导和仿真分析相结合的方式验证算法的有效性，帮助读者逐步理解和掌握多智能体系统的鲁棒协同控制理论，对于理论研究与工程实践具有一定的指导意义。

全书共 8 章，具体安排如下。

第 1 章为绪论，主要介绍多智能体系统的概述以及协同控制的研究现状，重点包括多智能体系统鲁棒协同控制、事件触发协同控制、固定时间协同控制、隐私保护协同控制、网络攻击下安全协同控制、避碰条件下协同控制以及合作-竞争关系下基于二分一致性的协同控制，使读者对多智能体协同控制的概念和研究进展有基本了解。

第 2 章给出本书中用到的相关基础知识，主要介绍图论、Lyapunov 稳定性理论、滑模控制理论等基础知识，其中图论用于表征智能体间的信息交互，Lyapunov 稳定性理论为后续所设计的控制算法提供稳定性判据，滑模控制理论为后续滑模控制算法的设计提供理论基础。除此之外，给出常用的符号定义，对后续章节出现的特殊符号做相关说明。

第 3 章研究事件触发策略下多智能体系统鲁棒一致性问题，分别针对一阶和二阶多智能体系统一致性控制问题，设计事件触发滑模控制器并分析系统的稳定性和鲁棒性，同时避免芝诺(Zeno)现象发生，并通过仿真验证所设计控制方法的有效性，使读者可以掌握多智能体协同控制的相关基础理论与研究方法。

第 4 章研究多智能体系统固定时间事件触发编队控制问题。设计一种分布式固定时间事件触发滑模控制器，建立基于状态阈值的触发机制，缩短执行时间，避免 Zeno 现象。时变编队的稳定时间上界与初始条件无关，可以离线设计或估计系统的收敛时间，且通过仿真对比实验，验证了固定时间事件触发控制器比有限时间事件触发控制器的收敛时间更快，使读者可以直观的理解固定时间稳定性的基本概念与优势。

第 5 章研究隐私保护下多智能体系统事件触发编队控制问题。首先通过构造一个新型的充当掩码的输出函数，避免智能体初始状态的泄露；其次设计基于事件触发的滑模隐私保护控制器，减少智能体之间的通信和控制器的更新频率；最后基于 Lyapunov 稳定性理论，对控制系统的稳定性进行严格的证明，对 Zeno 现象的避免进行详细的分析，并进行数值模拟仿真，使读者可以掌握多智能体隐私保护的基本概念与研究方法。

第 6 章研究网络攻击下多智能体系统事件触发编队控制问题。提出一种基于事件触发机制的滑模编队控制算法，保证多智能体系统实现期望的编队任务。将事件触发策略应用于多智能体系统的编队控制中，使控制器仅在某些离散的触发时刻更新，且保证了触发瞬间没有 Zeno 现象，即不发生连续的触发。考虑到 DoS 攻击的存在，将触发机制进行改进，并通过 Lyapunov 稳定理论和归纳法证明闭环控制系统的稳定性，仿真结果验证所提出控制方法的有效性，使读者可以理解和掌握 DoS 攻击的攻击特点以及应对策略。

第 7 章研究避碰条件下多智能体系统事件触发编队控制问题。考虑外部干扰及智能体内部碰撞，引入人工势场法，基于叠加斥力场构造新型滑模面，保证智能体在编队过程中速度一致并避免碰撞，其中事件触发阈值用于决定控制器的更新时刻，降低智能体间的通信频率和控制器的更新频率，实现编队位置误差和编队速度误差的有界收敛，且保证触发瞬间没有 Zeno 现象。基于 Lyapunov 稳定性理论证明闭环控制系统的稳定性，通过仿真结果验证控制方案的有效性，可以帮助读者理解和掌握避碰编队控制的相关基础理论与研究方法。

第 8 章研究基于合作-竞争关系的多智能体系统事件触发二分一致性问题。考虑非周期 DoS 攻击和虚假数据注入攻击，提出一种基于事件触发机制的滑模控制算法，可以解决外部扰动和虚假数据注入攻击问题，保证多智能体系统实现期望的二分一致性，且保证触发瞬间没有 Zeno 现象。考虑非周期 DoS

攻击，对其攻击方式进行详细分析，并通过 Lyapunov 稳定性理论和归纳法证明闭环控制系统的稳定性，使读者理解多智能体二分一致性的基本概念与研究方法。

1.4　本 章 小 结

本章首先介绍多智能体系统的基本概念以及研究意义，阐述多智能体协同控制对于高效完成控制任务具有极其重要的理论意义与战略价值；其次介绍多智能体系统协同控制问题的研究现状，通过查阅国内外文献资料，从多智能体系统鲁棒协同控制、事件触发协同控制、固定时间协同控制、隐私保护协同控制、网络攻击下安全协同控制、避碰条件下协同控制以及基于合作-竞争关系的二分一致性七个方面展开描述；最后介绍全书的结构特点及内容安排，方便读者理解本书的结构框架及内容。

第 2 章 基 础 知 识

本章通过介绍图论、Lyapunov 稳定性理论、滑模控制理论等基础知识，为后续章节所研究的多智能体系统协同控制提供理论基础。2.1 节介绍图论的基础知识，用于表征智能体间的通信关系；2.2 节介绍 Lyapunov 稳定性理论，为控制器的设计以及多智能体系统的稳定性分析与证明奠定基础；2.3 节介绍滑模控制理论，通过设计滑模控制算法，以提升系统的鲁棒性；2.4 节给出后续章节常用的符号定义；2.5 节为本章小结。

2.1 图论的基础知识

图论是数学的一个分支，它以图为研究对象。图论中的图是由若干给定的点及连接两点的线所构成的图形，这种图形通常用来描述某些实体之间的某种特定关系，用点代表实体，用连接两点的线表示两个实体间具有的某种关系。由于图论能够简单地表示整个宏观系统中各独立智能体间的信息交互，因而被广泛应用于多智能体系统的协同控制中。其主要思想是将复杂的多智能体系统近似为由多个节点组成的无向图或者有向图，每个智能体对应图中的一个节点，且每个智能体可以和其邻近的智能体进行信息的传递。本节仅对所用到的图论知识展开介绍，详细的图论知识可参考文献[130]和文献[131]。

2.1.1 图的基本表示

一个含有 N 个节点的图 G 可以表示为 $G=(v,\varepsilon)$ ，其中 $v=\{v_1,v_2,\cdots,v_N\}$ 为节点集，$\varepsilon\subseteq v\times v$ 为边集，边集 ε 中的元素 (v_i,v_j) 表示从 v_i 出并且由 v_j 传入的边，节点 v_i 为父节点，v_j 为子节点。一个图若满足对于所有的边 $(v_i,v_j)\in\varepsilon$ ，有 $(v_j,v_i)\in\varepsilon$ ，则称该图为无向图，否则称为有向图。对于一个无向图 G ，一个节点的度表示为与该节点相连的边的个数。对于一个有向图 G ，一个节点的入度表示为进入这个节点的边的个数，而流出这个节点的边的个数称为这个节点的出度。若一个图任意两节点间最多只能有一条边，则称该图为简单图。若所有节点的入度和出度相等，则称该图是平衡的。无向图 G_1 如图 2.1 所示。

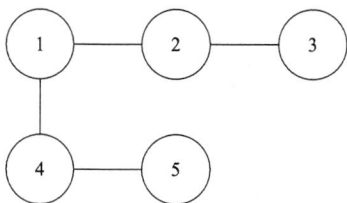

图 2.1 无向图 G_1

无向图 G_1 的节点集和边集可表示为

$$v(G_1)=\{v_1,v_2,v_3,v_4,v_5\}, \quad \varepsilon(G_1)=\begin{cases}(v_1,v_2),(v_1,v_4),(v_2,v_1),(v_2,v_3)\\(v_3,v_2),(v_4,v_1),(v_4,v_5),(v_5,v_4)\end{cases} \quad (2.1)$$

有向图 G_2 如图 2.2 所示。

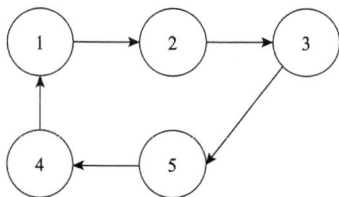

图 2.2 有向图 G_2

有向图 G_2 的节点集和边集可表示为

$$v(G_2)=\{v_1,v_2,v_3,v_4,v_5\}, \quad \varepsilon(G_2)=\{(v_1,v_2),(v_2,v_3),(v_3,v_5),(v_5,v_4),(v_4,v_1)\} \quad (2.2)$$

对于一个无向图 G，若从节点 v_i 到节点 v_j 有路径相连，则从节点 v_j 到节点 v_i 也一定有路径相连，此时称 v_i 和 v_j 是连通的。如果图中任意两节点都是连通的，那么图被称作连通图。对于一个有向图 G，若存在节点 v_i 到节点 v_j 的有向路径（v_i 到 v_j 的路径中所有的边都必须同向），则称 v_i 和 v_j 是连通的。若任意两节点 v_i、v_j 间同时存在节点 v_i 到节点 v_j 的有向路径和节点 v_j 到节点 v_i 的有向路径，则称有向图 G 是强连通图。

2.1.2 图的矩阵表示

定义 2.1 设图 $G=(v,\varepsilon)$ 有 N 个节点，即 $v=\{v_1,v_2,\cdots,v_N\}$，则 G 的邻接矩阵 A 是按如下方式定义的一个 N 阶方阵，即

$$A=[a_{ij}]_{N\times N}, \quad a_{ij}=\begin{cases}1, & (v_i,v_j)\in\varepsilon\\0, & 其他\end{cases} \quad (2.3)$$

根据邻接矩阵的定义, 图 2.1 和图 2.2 中的邻接矩阵表示为

$$A(G_1) = \begin{bmatrix} 0 & 1 & 0 & 1 & 0 \\ 1 & 0 & 1 & 0 & 0 \\ 0 & 1 & 0 & 0 & 0 \\ 1 & 0 & 0 & 0 & 1 \\ 0 & 0 & 0 & 1 & 0 \end{bmatrix}, \quad A(G_2) = \begin{bmatrix} 0 & 1 & 0 & 0 & 0 \\ 0 & 0 & 1 & 0 & 0 \\ 0 & 0 & 0 & 0 & 1 \\ 1 & 0 & 0 & 0 & 0 \\ 0 & 0 & 0 & 1 & 0 \end{bmatrix}$$

定义 2.2　度矩阵 D 是一个对角矩阵, 其定义为

$$D = \mathrm{diag}(d_1, d_2, \cdots, d_N) \in \mathrm{R}^{N \times N}, \quad d_i = \sum_{j=1}^{N} a_{ij} \tag{2.4}$$

式中, d_i 为节点 v_i 的度。

图 2.1 和图 2.2 中的度矩阵表示为

$$D(G_1) = \begin{bmatrix} 2 & & & & \\ & 2 & & & \\ & & 1 & & \\ & & & 2 & \\ & & & & 1 \end{bmatrix}, \quad D(G_2) = \begin{bmatrix} 1 & & & & \\ & 1 & & & \\ & & 1 & & \\ & & & 1 & \\ & & & & 1 \end{bmatrix}$$

定义 2.3　基于邻接矩阵和度矩阵, 定义拉普拉斯矩阵 L 为

$$L = D - A = [l_{ij}] \in \mathrm{R}^{N \times N} \tag{2.5}$$

根据拉普拉斯矩阵的定义, 图 2.1 和图 2.2 中的拉普拉斯矩阵可以表示为

$$L(G_1) = \begin{bmatrix} 2 & -1 & 0 & -1 & 0 \\ -1 & 2 & -1 & 0 & 0 \\ 0 & -1 & 1 & 0 & 0 \\ -1 & 0 & 0 & 2 & -1 \\ 0 & 0 & 0 & -1 & 1 \end{bmatrix}, \quad L(G_2) = \begin{bmatrix} 1 & -1 & 0 & 0 & 0 \\ 0 & 1 & -1 & 0 & 0 \\ 0 & 0 & 1 & 0 & -1 \\ -1 & 0 & 0 & 1 & 0 \\ 0 & 0 & 0 & -1 & 1 \end{bmatrix}$$

对于一个无向图, 拉普拉斯矩阵具有如下性质:

(1) L 是对称半正定矩阵。

(2) $L \cdot 1_N = 0_N, 1_N = [1,1,\cdots,1]^{\mathrm{T}}, 0_N = [0,0,\cdots,0]^{\mathrm{T}}$ 。

(3)对于任何一个实向量 $x \in \mathbf{R}^N$ ，有以下等式成立，即

$$x^{\mathrm{T}} L x = \frac{1}{2} \sum_{i=1}^{N} \sum_{j=1}^{N} a_{ij} (x_i - x_j)^2 \tag{2.6}$$

对于一个有领导者的多智能体系统，领导者标记为节点 0，领导者与 N 个跟随者间的通信可用图 $\tilde{G}$ 表示，N 个跟随者间的通信用图 G 表示，至少有一个跟随者可与领导者进行通信。领导者通信矩阵定义为 $B = \mathrm{diag}(b_1, b_2, \cdots, b_N)$，若智能体 i 可与领导者进行通信，则 $b_i > 0$，否则 $b_i = 0$。对于无向拓扑图 G，若至少存在一个 $b_i > 0$，则矩阵 $L + B$ 对称正定。

2.1.3　符号图论

以上介绍的图论的基础知识，都是针对非符号图，即邻接矩阵的权重都是正数，表示节点之间都是合作关系。为了研究存在合作-竞争关系的多智能体系统二分一致性问题，下面介绍符号图。符号图中邻接矩阵的权重可能是正的，也可能是负的。当权重的符号为正时，表示智能体之间是合作关系；当权重的符号为负时，表示智能体之间是竞争关系。

一个含有 N 个节点的无向符号图 G 可表示为 $G = (v, \varepsilon, A)$，其中 $v = \{v_1, v_2, \cdots, v_N\}$ 为顶点集，$\varepsilon \subseteq v \times v$ 为边集，$A = [a_{ij}] \in \mathbf{R}^{N \times N}$ 为邻接矩阵。若 $(v_i, v_j) \in \varepsilon$，则表示节点 v_i 和节点 v_j 可以互相通信。对于邻接矩阵 A，若 $(v_i, v_j) \in \varepsilon$，则 $a_{ij} \neq 0$，否则 $a_{ij} = 0$。符号图的边集可分为 $\varepsilon = \varepsilon^+ \cup \varepsilon^-$，其中 $\varepsilon^+ = \{(j,i) | a_{ij} > 0\}$ 和 $\varepsilon^- = \{(j,i) | a_{ij} < 0\}$ 分别为正向边集和负向边集。考虑无向符号图 G 是连通的，其拉普拉斯矩阵可表示为

$$L = \mathrm{diag}\left(\sum_{k=1}^{N} |a_{1k}|, \sum_{k=1}^{N} |a_{2k}|, \cdots, \sum_{k=1}^{N} |a_{Nk}| \right) - A \tag{2.7}$$

定义 2.4　对于无向符号图 G，若存在 v_1 和 v_2 两个顶点集，其中 $v_1 \cup v_2 = v$，$v_1 \cap v_2 = \varnothing$，使得 $a_{ij} \geqslant 0$ 对于 $i, j \in v_l (l \in \{1,2\})$ 成立，使得 $a_{ij} \leqslant 0$ 对于 $i \in v_l$，$j \in v_q$，使得 $l \neq q (l, q \in \{1,2\})$ 成立，则可称无向符号图 G 为结构平衡图。

若无向符号图 G 是结构平衡的，则有以下结果成立：

(1)存在一个对角阵 $D = \mathrm{diag}(\sigma_1, \sigma_2, \cdots, \sigma_N)$，使得 DAD 中所有元素非负，其中 $\sigma_i \in \{1, -1\}$。

（2）拉普拉斯矩阵 $L_D = DLD$ 是一个半正定矩阵。

（3）设 $0 < \lambda_2(L_D) \leqslant \cdots \leqslant \lambda_N(L_D)$ 为拉普拉斯矩阵 L_D 由小到大排列的特征值，其中 $\lambda_2(L_D)$ 是 L_D 的最小非零特征值，则有 $x^{\mathrm{T}}L_D x \geqslant \lambda_2(L_D) \cdot x^{\mathrm{T}}x$。

2.2　Lyapunov 稳定性理论

稳定性是所有控制系统需要研究的基本问题，而判断非线性控制系统稳定与否的一个重要方法便是 Lyapunov 稳定性理论，其中 Lyapunov 第二法不需要求出状态方程的解析解，而是借助一个正定的能量泛函，根据能量泛函时间导数的变化趋势来判断该系统是否稳定，具有普适性。下面简单叙述 Lyapunov 理论的定义及判据。

定义 2.5　给出如下非线性系统，即

$$\dot{x} = g(x), \quad x(0) = x_0 \tag{2.8}$$

式中，$x \in \mathrm{R}^n$ 为状态量；$f: \Omega \to \mathrm{R}^n$ 为 x 的连续函数；Ω 为包含坐标原点 $x = 0$ 的开邻域，即 $\Omega = \{x \mid \| x \| < \varepsilon, \varepsilon > 0\}$。$V(x)$ 代表正定的标量函数，则有

（1）如果 $\forall x \in \Omega$，$\exists V(x)$ 符合 $\dot{V}(x) \leqslant 0$，那么 $x = 0$ 在 Lyapunov 意义下稳定。

（2）如果 $\forall x \in \Omega$，$\exists V(x)$ 符合 $\dot{V}(x) \leqslant 0$，同时 $V(x)$ 有无限小上界，那么 $x = 0$ 一致稳定。

（3）如果 $\forall x \in \Omega, x \neq 0$，$\exists V(x)$ 符合 $\dot{V}(x) < 0$，那么 $x = 0$ 渐近稳定。

（4）如果 $\forall x \in \mathrm{R}^n, x \neq 0$，$\exists V(x)$ 符合 $\dot{V}(x) < 0$，同时 $V(x)$ 径向无界，那么 $x = 0$ 全局渐近稳定。

上述判据需要求解式（2.8），增加了分析难度。为了增加 Lyapunov 方法的实用性，给出定义 2.6。

定义 2.6　如果针对状态方程（2.8）有 $g(0) = 0$ 成立，且存在正定的标量函数 $V(x)$（即是径向无界的）又满足 $\dot{V}(x) = \dfrac{\partial V}{\partial x}g(x) < 0$，$x \neq 0$，那么 $x = 0$ 是系统全局渐近稳定的平衡状态。

2.3　滑模控制理论

为提升控制系统的鲁棒性，这里引入滑模控制理论。滑模控制又称变结构控制，本质上是一类特殊的非线性控制，且非线性表现为控制的不连续性。变

结构具体是指系统的结构是不固定的, 可以依据系统的状态变量及其误差函数不断地调节被控对象的控制输入, 使被控对象沿着预先设计的滑动模态运动至平衡状态, 并且可以通过设计滑模面改变被控对象的动态性能, 具有快速响应、对参数变化及扰动不灵敏、无须系统在线辨识、物理实现简单等优点[132]。

以一阶单入单出非线性被控对象为例进行阐述, 得到的相关结论可以推广到其他高阶多维复杂系统。给出一阶非线性系统如下, 即

$$\begin{cases} \dot{x} = f(x,t) + g(x,t)u + d(x,t) \\ y = x \end{cases} \tag{2.9}$$

式中, x 为状态量; u 为待设计的控制量; d 为有界扰动; y 为被控对象的实际输出。假定 $f(x,t)$ 和 $g(x,t)$ 均已知且是有界函数, $g(x,t)$ 可逆。定义控制系统的跟踪误差为

$$e = y - y_d \tag{2.10}$$

式中, y_d 代表被控对象的期望输出, 目的是构造控制器 u, 使被控对象实际输出 y 能够追踪上 y_d, 即 $t \to \infty$ 时, 有 $e \to 0$ 成立。

通常设计滑模面 $s(e) = 0$, 滑模面示意图如图 2.3 所示。滑模面 $s(e)$ 将空间划分为 $s > 0$ 和 $s < 0$ 两个区域。若使被控对象轨迹从任意点到达滑模面 $s(e) = 0$, 则需要满足以下到达条件, 即

$$\lim_{s \to 0^+} \dot{s} < 0 , \ \lim_{s \to 0^-} \dot{s} > 0 \tag{2.11}$$

式 (2.11) 可写为

$$s\dot{s} < 0 \tag{2.12}$$

式 (2.12) 是滑动模态存在的条件。

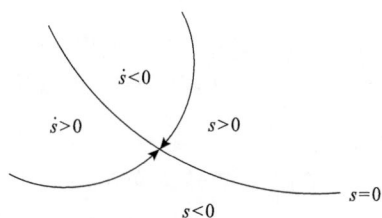

图 2.3 滑模面示意图

根据滑模面 s，求解控制器，即

$$u(x) = \begin{cases} u^+(x), & s > 0 \\ u^-(x), & s < 0 \end{cases} \tag{2.13}$$

式中，$u^+(x) \neq u^-(x)$，且满足下列条件：

(1)滑动模态存在，在 $s = 0$ 的滑模面上，状态是收敛的。

(2)满足可达性条件，保证 $s = 0$ 以外的运动状态都在有限时间内到达滑模面。

(3)保证滑模运动的稳定性。

(4)满足被控对象的性能要求。

上面的前三个条件是实现滑模控制必须满足的，系统的性能与参数选择相关。

2.4 常用的符号定义

定义 R 为实数集，R^+ 为非负实数集，R^n 为 $n \times 1$ 的实向量集。$x = [x_1, x_2, \cdots, x_n] \in R^n$ 为 $n \times 1$ 的实向量，x^T 为其转置，记：$|x| = \left[|x_1|, |x_2|, \cdots, |x_n| \right]^T$，$\|x\|_1 = \sum_{i=1}^{n} |x_i|$，$\|x\|_2 = \left(\sum_{i=1}^{n} x_i^2 \right)^{1/2}$，$\text{sgn}(x) = [\text{sgn}(x_1), \text{sgn}(x_2), \cdots, \text{sgn}(x_n)]^T$，$[x_i]^{[\mu]} = |x_i|^{\mu} \text{sgn}(x_i)$，$\text{sgn}(\cdot)$ 为符号函数。"$\otimes$" 为 Kronecker 积，I_n 为 n 阶的单位矩阵，定义 $1_n = [1, 1, \cdots, 1]^T \in R^n$，对于一个连续函数 $f(t) = R^+ \to R^n$，其迪尼(Dini)导数表示为 $D^+ f(t) = \lim_{\tau \to 0^+} \sup(f(t + \tau) - f(t)) / \tau$。

2.5 本 章 小 结

本章主要介绍了图论、Lyapunov 稳定性理论、滑模控制理论等基础知识，其中图论用于表征智能体间的信息交互，符号图论用于表征智能体间的合作-竞争关系，Lyapunov 稳定性理论为后续所设计的控制方案提供稳定性判据，滑模控制理论为后续滑模控制算法的设计提供理论基础，从而提升控制系统的鲁棒性。除此之外，给出了常用的符号定义，对后续章节出现的特殊符号做了相关说明。

第3章　事件触发策略下多智能体系统鲁棒一致性

在多智能体协同控制问题中，一致性问题作为智能体间合作协同控制的基础，主要是指每个智能体通过与其邻近智能体进行通信，同时根据自身状态信息，最终使所有智能体的状态趋于一致。考虑实际环境中存在干扰等各种不确定因素，需提高多智能体系统的抗干扰能力，而滑模控制作为一种简单有效的鲁棒控制方法，可以有效抑制外部干扰，为多智能体的一致性控制提供保障。在一致性控制中，需要设置较高的采样频率不断地采集智能体的状态信息，并将采集到的状态信息在智能体网络群组内进行实时交互，这就存在大量的信息传输，极易发生网络拥堵状况，对通信带宽提出了较高的标准。基于此，本章分别针对一阶和二阶多智能体系统一致性控制问题，设计事件触发滑模控制器并分析系统的稳定性和鲁棒性，同时避免 Zeno 现象发生，最终通过仿真验证所设计控制方法的有效性。

3.1　一阶多智能体系统事件触发一致性控制

本节以一阶多智能体系统为研究对象，考虑在通信资源受限和外部干扰存在的情况下，通过设计事件触发滑模控制器，节省通信资源并有效克服外部干扰，基于 Lyapunov 理论证明系统的稳定性，同时对 Zeno 现象的避免进行详细分析，最终实现干扰条件下多智能体系统的事件触发一致性控制。

3.1.1　问题描述

干扰条件下的连续多智能体系统的动态方程为

$$\dot{x}_i(t) = u_i(t) + d_i(t), \quad i = 1, 2, \cdots, N \tag{3.1}$$

式中，$x_i(t) \in \mathbb{R}^n$ 为第 i 个智能体的状态；$u_i(t) \in \mathbb{R}^n$ 为第 i 个智能体的控制输入；$d_i(t) \in \mathbb{R}^n$ 为外部干扰。

本节的控制目标是在通信资源受限和外部干扰存在的情况下，通过设计分布式事件触发滑模控制器，使得 N 个智能体实现期望的一致性，即

$$\lim_{t \to \infty} \left\| x_i(t) - x_j(t) \right\|_1 \leqslant \frac{\alpha \sqrt{\varepsilon_0}}{c \left\| L \otimes I_n \right\|_1} \tag{3.2}$$

式中，$0 < \varepsilon_0 < 1$；$\alpha \in (0, \infty)$；$c > 0$，且可通过调节事件触发参数 α、ε_0、c 使一致性误差收敛到一个理想的有界范围内。

假设 3.1 外部干扰 $d_i(t) \in \mathrm{R}^n (\forall i = 1, 2, \cdots, N)$ 是有界的，满足 $\left\| d_i(t) \right\|_1 \leqslant D$，$D > 0$。

3.1.2 事件触发滑模控制器设计

为了避免智能体间连续通信造成的资源浪费，减少控制器的更新次数，这里引入事件触发机制，定义量测误差为

$$e_i(t) = x_i(t_k^i) - x_i(t), \quad t \in [t_k^i, t_{k+1}^i); i = 1, 2, \cdots, N; k = 0, 1, 2, \cdots \tag{3.3}$$

式中，t_k^i 为 $x_i(t)$ 的采样时刻。设计事件触发条件为

$$\left\| e_i(t) \right\|_1 \leqslant \frac{\chi(t)\alpha}{N \cdot \left\| L \otimes I_n \right\|_1 c} \tag{3.4}$$

式中，$\chi(t) = \sqrt{\varepsilon_1 \cdot \varepsilon^{-\tau t} + \varepsilon_0}$，$\varepsilon > 1$，$0 < \varepsilon_0, \varepsilon_1 < 1$，$0 \leqslant \tau \leqslant 1$；$\alpha \in (0, \infty)$；$c > 0$；$N$ 为智能体的个数。触发时刻可确定为

$$t_{k+1}^i = \inf \left(t > t_k^i : \left\| e_i(t) \right\|_1 > \frac{\chi(t)\alpha}{N \left\| L \otimes I_n \right\|_1 c} \right) \tag{3.5}$$

定理 3.1 考虑一阶多智能体系统 (3.1) 满足假设 3.1，若无向拓扑图 G 是连通的，则将基于事件触发机制 (3.5) 的滑模一致性控制器设计为

$$u_i(t) = -c \sum_{j=1}^{N} a_{ij}(x_i(t_k^i) - x_j(t_k^i)) - k \operatorname{sgn} \left(\sum_{j=1}^{N} a_{ij}(x_i(t_k^i) - x_j(t_k^i)) \right), \quad t \in [t_k^i, t_{k+1}^i) \tag{3.6}$$

式中，$c > 0$；$k > D + \alpha \chi(t) + \eta$，$\eta > 0$。此时，多智能体系统可以在通信资源受限和外部干扰存在的情况下实现期望的一致性。

证明：首先给出多智能体状态的矢量形式为 $x(t) = [x_1^{\mathrm{T}}(t), x_2^{\mathrm{T}}(t), \cdots, x_N^{\mathrm{T}}(t)]^{\mathrm{T}}$，控制输入的矢量形式为 $u(t) = [u_1^{\mathrm{T}}(t), u_2^{\mathrm{T}}(t), \cdots, u_N^{\mathrm{T}}(t)]^{\mathrm{T}}$，外部干扰的矢量形式为 $d(t) = [d_1^{\mathrm{T}}(t), d_2^{\mathrm{T}}(t), \cdots, d_N^{\mathrm{T}}(t)]^{\mathrm{T}}$，从而给出基于事件触发的滑模一致性控制算法

的矢量形式为

$$\begin{cases} \dot{x}(t) = u(t) + d(t) \\ u(t) = -c(L \otimes I_n)x(t_k) - k\mathrm{sgn}((L \otimes I_n)x(t_k)) \end{cases}, \quad t \in [t_k^i, t_{k+1}^i) \tag{3.7}$$

构造 Lyapunov 能量函数为

$$V(t) = \frac{1}{2}x^{\mathrm{T}}(t)(L \otimes I_n)x(t) \tag{3.8}$$

假设 $0 < \lambda_2 \leqslant \cdots \leqslant \lambda_N$ 为拉普拉斯矩阵 L 由小到大排列的特征值，其中 λ_2 为 L 的最小非零特征值，则有 $x^{\mathrm{T}}Lx \geqslant \lambda_2 x^{\mathrm{T}}x$，且式 (3.8) 满足

$$2\lambda_2 V(t) \leqslant ((L \otimes I_n)x(t))^{\mathrm{T}}(L \otimes I_n)x(t) \leqslant 2\lambda_N V(t) \tag{3.9}$$

对式 (3.8) 求导，可得

$$\dot{V}(t) = x^{\mathrm{T}}(t)(L \otimes I_n)\dot{x}(t) = x^{\mathrm{T}}(t)(L \otimes I_n)(u(t) + d(t)) \tag{3.10}$$

将式 (3.7) 中的控制器代入式 (3.10)，可得

$$\dot{V}(t) = x^{\mathrm{T}}(t)(L \otimes I_n)[-c(L \otimes I_n)x(t_k) - k\mathrm{sgn}((L \otimes I_n)x(t_k)) + d(t)] \tag{3.11}$$

根据式 (3.3)，有 $x_i(t_k^i) = e_i(t) + x_i(t), t \in [t_k^i, t_{k+1}^i)$，则

$$\begin{aligned} \dot{V}(t) &= x^{\mathrm{T}}(t)(L \otimes I_n)[-c(L \otimes I_n)(e(t) + x(t)) - k\mathrm{sgn}((L \otimes I_n)x(t_k)) + d(t)] \\ &= -cx^{\mathrm{T}}(t)(L \otimes I_n)(L \otimes I_n)x(t) - cx^{\mathrm{T}}(t)(L \otimes I_n)(L \otimes I_n)e(t) \\ &\quad - k \cdot x^{\mathrm{T}}(t)(L \otimes I_n)\mathrm{sgn}((L \otimes I_n)x(t_k)) + x^{\mathrm{T}}(t)(L \otimes I_n)d(t) \end{aligned} \tag{3.12}$$

式中，$e(t) = [e_1^{\mathrm{T}}(t), e_2^{\mathrm{T}}(t), \cdots, e_N^{\mathrm{T}}(t)]^{\mathrm{T}}$；$x(t_k) = [x_1^{\mathrm{T}}(t_k^1), x_2^{\mathrm{T}}(t_k^2), \cdots, x_N^{\mathrm{T}}(t_k^n)]^{\mathrm{T}}$。由式 (3.9) 有

$$-cx^{\mathrm{T}}(t)(L \otimes I_n)(L \otimes I_n)x(t) \leqslant -2c\lambda_2 V(t) \tag{3.13}$$

在系统轨迹穿越滑模面之前，始终有 $\mathrm{sgn}((L \otimes I_n)x(t_k)) = \mathrm{sgn}((L \otimes I_n)x(t))$ 成立。因此，式 (3.12) 可写为

$$\begin{aligned} \dot{V}(t) &\leqslant -2c\lambda_2 V(t) + c\|(L \otimes I_n)x(t)\|_1 \|L \otimes I_n\|_1 \|e(t)\|_1 \\ &\quad - k\|(L \otimes I_n)x(t)\|_1 + D\|(L \otimes I_n)x(t)\|_1 \end{aligned} \tag{3.14}$$

由式 (3.4) 可知 $\|e(t)\|_1 = \sum_{i=1}^{N}\|e_i(t)\|_1 \leqslant \dfrac{\chi(t)\alpha}{c\|L\otimes I_n\|_1}$ ，当 $k > D + \alpha\chi(t) + \eta$ 时，有

$$
\begin{aligned}
\dot{V}(t) &\leqslant -2c\lambda_2 V(t) - \eta\|(L\otimes I_n)x(t)\|_1 \\
&\leqslant -2c\lambda_2 V(t)
\end{aligned}
\tag{3.15}
$$

由式 (3.15) 可知 $\lim\limits_{t\to\infty} V(z(t))$ 存在，对其两边同时积分可得

$$
\mu_0 \int_0^\infty V(t)\,\mathrm{d}t \leqslant V(0) - V(\infty)
\tag{3.16}
$$

式中，$\mu_0 = 2c\lambda_2$，基于 Barbalat 引理，当 $t\to\infty$ 时，有 $V(t)\to 0$，即

$$
\lim_{t\to\infty}\|x_i(t) - x_j(t)\|_1 = 0
\tag{3.17}
$$

则多智能体系统实现一致性任务。然而，当系统轨迹穿越滑模面时，$\operatorname{sgn}((L\otimes I_n)x(t_k)) = \operatorname{sgn}((L\otimes I_n)x(t))$ 在 $t\in[t_k^i, t_{k+1}^i)$ 内不恒成立，此时式 (3.11) 中干扰部分不能用滑模项进行鲁棒处理。在这种条件下，需要求得 $(L\otimes I_n)x(t)$ 收敛的最大界限，且 $(L\otimes I_n)x(t)$ 始终保持在该界限内。当 $(L\otimes I_n)x(t)$ 的运动轨迹到达 $(L\otimes I_n)x(t) = 0$ 时，如果不更新控制信号，它将越过 $(L\otimes I_n)x(t) = 0$，并且轨迹会远离 $(L\otimes I_n)x(t) = 0$，同时收敛误差也会增加，这会在某个时刻触发事件控制器，更新后的控制信号将轨迹再次推向 $(L\otimes I_n)x(t) = 0$。因此，在 $(L\otimes I_n)x(t)$ 附近的触发间隔内滑动轨迹的最大偏差估计为

$$
\begin{aligned}
&\|(L\otimes I_n)x(t_k) - (L\otimes I_n)x(t)\|_1 \\
&= \|(L\otimes I_n)e(t)\|_1 \\
&\leqslant \|L\otimes I_n\|_1\|e(t)\|_1 \\
&\leqslant \frac{\chi(t)\alpha}{c}
\end{aligned}
\tag{3.18}
$$

令 $(L\otimes I_n)x(t_k) = 0$，可得一致性误差运动轨迹的最大边界为

$$
\|x(t)\|_1 \leqslant \frac{\alpha\chi(t)}{c\|L\otimes I_n\|_1}
\tag{3.19}
$$

由于 $\|x_i(t) - x_j(t)\|_1 \leqslant \|x_i(t)\|_1 + \|x_j(t)\|_1 \leqslant \|x(t)\|_1$，因此

$$\lim_{t \to \infty} \left\| x_i(t) - x_j(t) \right\|_1 \leqslant \frac{\alpha \sqrt{\varepsilon_0}}{c \left\| (L \otimes I_n) \right\|_1} \tag{3.20}$$

可通过调节参数 α、ε_0、c 使一致性误差收敛到一个理想的界限内。定理 3.1 证毕。

为避免加入事件触发机制后的 Zeno 现象，避免控制器的连续触发，给出定理 3.2，并进行理论证明。

定理 3.2　考虑一阶多智能体系统(3.1)及事件触发一致性控制器(3.6)，在假设 3.1 成立的条件下，由触发机制(3.5)定义的触发间隔常数 $T_i = t^i_{k+1} - t^i_k$ 的下界是一个正数，满足

$$T_i = t^i_{k+1} - t^i_k \geqslant \frac{1}{c} \ln \left(1 + \frac{\sqrt{\varepsilon_0}\,\alpha}{N \left\| L \otimes I_n \right\|_1 \Delta} \right) > 0 \tag{3.21}$$

式中，$\Delta = c \left\| \sum\limits_{j=1}^{N} a_{ij} (x_i(t^i_k) - x_j(t^i_k)) \right\|_1 + k + D$。

证明：当 $t \in [t^i_k, t^i_{k+1})$ 时，有以下不等式成立，即

$$\frac{\mathrm{d}}{\mathrm{d}t} \left\| e_i(t) \right\|_1 \leqslant \left\| \dot{e}_i(t) \right\|_1 = \left\| \dot{x}_i(t) \right\|_1 \tag{3.22}$$

将控制器(3.6)代入式(3.22)，可得

$$\begin{aligned}
\frac{\mathrm{d}}{\mathrm{d}t} \left\| e_i(t) \right\|_1 &\leqslant c \left\| e_i(t) \right\|_1 + \left\| u_i(t) \right\|_1 + \left\| d_i(t) \right\|_1 \\
&\leqslant c \left\| e_i(t) \right\|_1 + c \left\| \sum\limits_{j=1}^{N} a_{ij} (x_i(t^i_k) - x_j(t^i_k)) \right\|_1 + k + D \\
&\leqslant c \left\| e_i(t) \right\|_1 + \Delta
\end{aligned} \tag{3.23}$$

由于 $e_i(t^i_k) = x_i(t^i_k) - x_i(t^i_k) = 0$，求解不等式(3.23)可得

$$\left\| e_i(t) \right\|_1 \leqslant \int_{t^i_k}^{t} \mathrm{e}^{c(t-\tau)} \Delta \mathrm{d}\tau = -\frac{\Delta}{c} \mathrm{e}^{c(t-\tau)} \bigg|_{t^i_k}^{t} = \frac{\Delta}{c} (\mathrm{e}^{c(t-t^i_k)} - 1) \tag{3.24}$$

式中，$t \in [t_k^i, t_{k+1}^i)$。因此，触发间隔常数 $T_i = t_{k+1}^i - t_k^i$ 满足

$$T_i = t_{k+1}^i - t_k^i \geqslant \frac{1}{c} \ln \left(1 + \frac{c \left\| e_i(t_{k+1}^i) \right\|_1}{\Delta} \right) \tag{3.25}$$

由触发机制可知 $\| e_i(t) \|_1 > \dfrac{\chi(t)\alpha}{N \| L \otimes I_n \|_1 c} \geqslant \dfrac{\sqrt{\varepsilon_0}\, \alpha}{N \| L \otimes I_n \|_1 c}$ ，求解 T_i 可得

$$T_i = t_{k+1}^i - t_k^i \geqslant \frac{1}{c} \ln \left(1 + \frac{\sqrt{\varepsilon_0}\, \alpha}{N \| L \otimes I_n \|_1 \Delta} \right) > 0 \tag{3.26}$$

定理 3.2 得证。

3.1.3　仿真验证

本小节提供仿真示例以验证理论结果。无向通信拓扑图由图 2.1 给出，该多智能体系统由方程 (3.1) 描述的 5 个智能体组成，其中 $c = 3$，$k = 1.5$，触发机制的参数设置为 $\alpha = 1$，$\varepsilon = 2$，$\tau = 0.5$，$\varepsilon_0 = 0.8$，$\varepsilon_1 = 0.5$，干扰 $d_i(t) = [0.1\sin t,\ 0.1\sin t]^T$，$i = 1,2,3,4,5$。取非零邻接矩阵系数为 $a_{ij} = 1$，邻接矩阵 A 和拉普拉斯矩阵 L 设置为

$$A = \begin{bmatrix} 0 & 1 & 0 & 1 & 0 \\ 1 & 0 & 1 & 0 & 0 \\ 0 & 1 & 0 & 0 & 0 \\ 1 & 0 & 0 & 0 & 1 \\ 0 & 0 & 0 & 1 & 0 \end{bmatrix}, \quad L = \begin{bmatrix} 2 & -1 & 0 & -1 & 0 \\ -1 & 2 & -1 & 0 & 0 \\ 0 & -1 & 1 & 0 & 0 \\ -1 & 0 & 0 & 2 & -1 \\ 0 & 0 & 0 & -1 & 1 \end{bmatrix}$$

5 个智能体的初始状态分别选择为：$x_1(0) = [0.5, -1]^T$，$x_2(0) = [-1, 0.6]^T$，$x_3(0) = [0.3, -0.2]^T$，$x_4(0) = [1, 1]^T$，$x_5(0) = [2, 2]^T$。

图 3.1 为 5 个智能体的状态轨迹图。可以看出，无论是在 x 方向还是 y 方向，5 个智能体从初始状态出发，都可以实现一致性。5 个智能体的事件触发滑模控制器如图 3.2 所示，由触发机制 (3.5) 可知，只有当量测误差超过所设定的阈值时，控制器才会更新，避免了不必要的通信传输，且多智能体系统在此控制器的作用下，仍可实现期望的一致性。

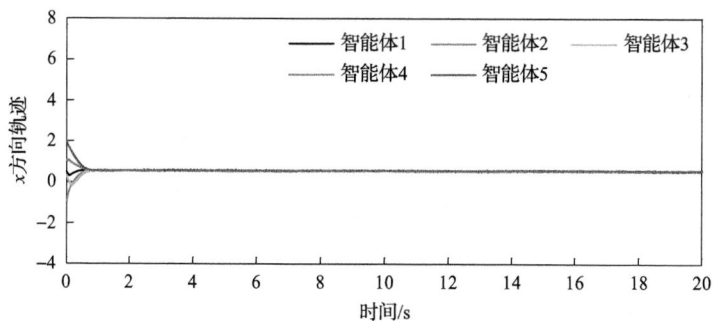

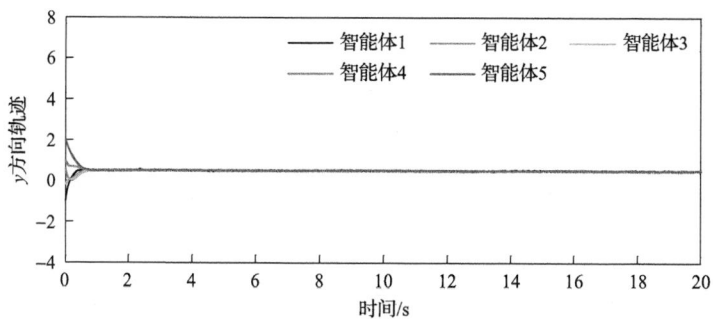

图 3.1   状态轨迹图

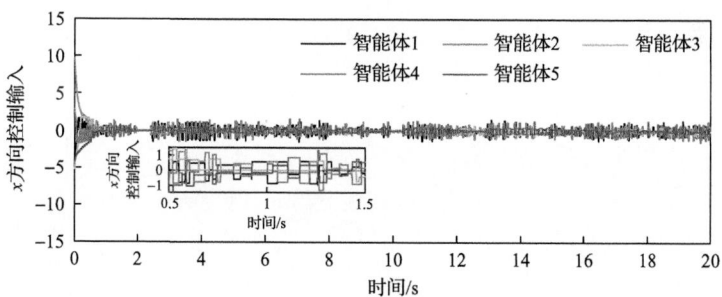

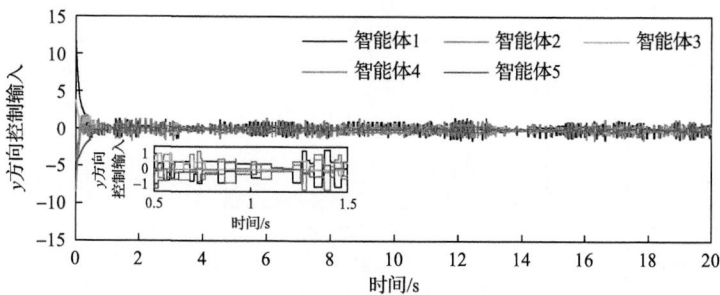

图 3.2   事件触发滑模控制器

图 3.3 和图 3.4 给出了滑模面的轨迹运动变化曲线，其中滑模面的表达

式为 $s_i(t) = \sum_{i=1}^{N} a_{ij}(x_i(t) - x_j(t))$ ，可以看出滑模面最终会收敛到稳态。图 3.5 为

触发间隔图，可以看出在初始时刻，一致性误差较大，触发频率较高，但控制器最终会以稳定且较慢的频率进行更新。由局部放大图(图 3.5(b))可以看出触发间隔均大于零，因此 Zeno 现象不会出现。本次数值仿真的采样步长设置为 0.001s，采样时间为 20s，在事件触发机制(3.5)作用下，5 个智能体控制器更新次数依次为 275，168，88，230，123，通过计算可得，可以节约 99.1%的传输资源。

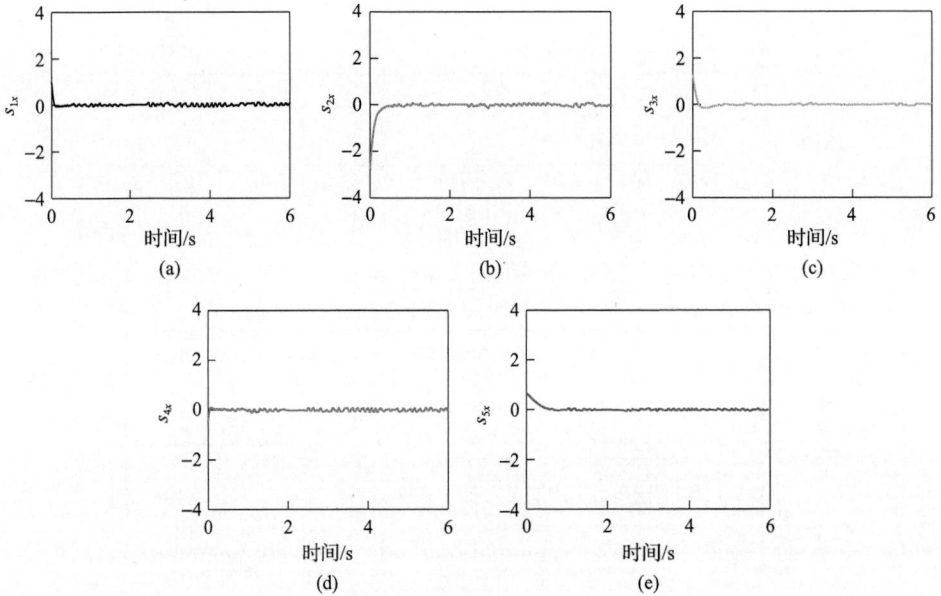

（a）　　　　　　　　　　（b）　　　　　　　　　　（c）

（d）　　　　　　　　　　（e）

图 3.3　滑模面(x 轴)

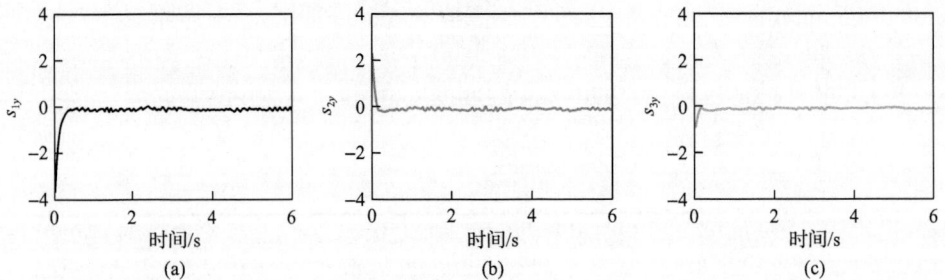

（a）　　　　　　　　　　（b）　　　　　　　　　　（c）

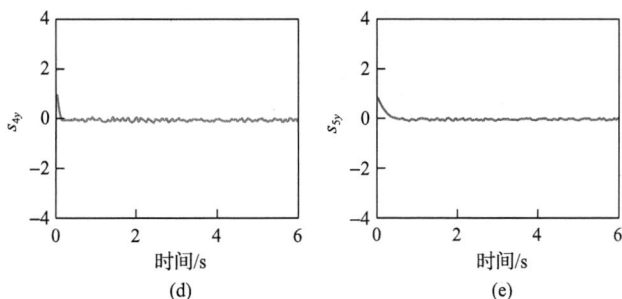

图 3.4　滑模面(y 轴)

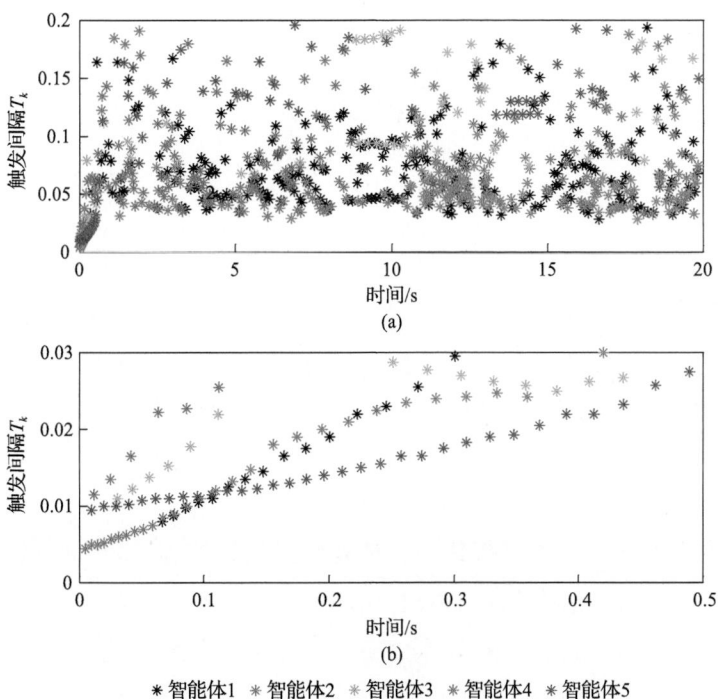

＊智能体1　＊智能体2　＊智能体3　＊智能体4　＊智能体5

图 3.5　触发间隔图

3.2　二阶多智能体系统事件触发一致性控制

本节以二阶多智能体系统为研究对象，考虑在通信资源受限和外部干扰存在的情况下，通过设计事件触发滑模控制器，节省通信资源并有效克服外部干扰，基于 Lyapunov 理论证明系统的稳定性，同时对 Zeno 现象的避免进行详细分析，最终实现干扰条件下多智能体系统的事件触发一致性控制。

3.2.1　问题描述

考虑一个具有 $N+1$ 个智能体的多智能体系统，其中包含一个领导者和 N 个跟随者。N 个跟随者的动态方程为

$$\begin{cases} \dot{p}_i(t) = v_i(t) \\ \dot{v}_i(t) = u_i(t) + d_i(t) \end{cases} \tag{3.27}$$

式中，$i=1,2,\cdots,N$；$p_i(t)\in\mathrm{R}^n$、$v_i(t)\in\mathrm{R}^n$、$u_i(t)\in\mathrm{R}^n$ 和 $d_i(t)\in\mathrm{R}^n$ 分别表示第 i 个智能体的位置、速度、控制输入和外部干扰。领导者的动态方程为

$$\begin{cases} \dot{p}_0(t) = v_0(t) \\ \dot{v}_0(t) = u_0(t) \end{cases} \tag{3.28}$$

式中，$p_0(t)\in\mathrm{R}^n$、$v_0(t)\in\mathrm{R}^n$ 和 $u_0(t)\in\mathrm{R}^n$ 分别为领导者的位置、速度和控制输入。

定义一致性误差为

$$\begin{cases} e_{pi}(t) = \sum_{j=1}^{N} a_{ij}(p_i(t) - p_j(t)) + b_i(p_i(t) - p_0(t)) \\ e_{vi}(t) = \sum_{j=1}^{N} a_{ij}(v_i(t) - v_j(t)) + b_i(v_i(t) - v_0(t)) \end{cases} \tag{3.29}$$

式中，a_{ij} 为智能体之间的连接权重；b_i 表示跟随者与领导者之间的通信关系，当第 i 个跟随者可以与领导者通信时，$b_i\neq 0$，反之，$b_i=0$。

本节的控制目标是在通信资源受限和外部干扰存在的情况下，通过设计分布式事件触发滑模控制器，使得多智能体系统实现期望的一致性，即

$$\begin{cases} \lim_{t\to\infty}\left\|e_{pi}(t)\right\|_1 \leqslant \eta \\ \lim_{t\to\infty}\left\|e_{vi}(t)\right\|_1 \leqslant c\eta \end{cases} \tag{3.30}$$

式中，$c>0$；$\eta=\alpha\chi(t)/Nck_1$，N 为跟随者的个数，$k_1>0$，$\alpha\in(0,\infty)$，$\chi(t)=\sqrt{\varepsilon_1\varepsilon^{-\tau t}+\varepsilon_0}$，$\varepsilon>1$，$0\leqslant\tau\leqslant 1$，$0<\varepsilon_0,\varepsilon_1<1$。

假设 3.2　无向拓扑图 G 是连通的且至少一个跟随者可与领导者进行通信。

引理 3.1[133]　对于无向拓扑图 G，若至少存在一个 $b_i > 0$，则矩阵 $L+B$ 对称正定。

假设 3.3　外部干扰 $d_i(t) \in \mathrm{R}^n (i=1,2,\cdots,N)$ 有界，满足 $\|d_i(t)\|_1 \leqslant D, D > 0$。

假设 3.4　领导者输入 $u_0(t) \in \mathrm{R}^n$ 已知且有界，满足 $\|u_0(t)\|_1 \leqslant \rho, \rho > 0$。

3.2.2　事件触发滑模控制器设计

在多智能体系统执行一致性任务的过程中，智能体之间的持续通信会使控制器频繁更新，进而导致大量的资源浪费。为避免这一问题，需为多智能体系统设计合适的事件触发机制，在保证控制性能的前提下尽量降低控制器的更新频率。在接下来的研究中，将事件触发机制引入多智能体一致性控制，通过设计事件触发条件，降低控制器的更新频率，避免控制资源的浪费。

定义一致性位置误差的矢量形式为 $e_p(t) = [e_{p1}^{\mathrm{T}}(t), e_{p2}^{\mathrm{T}}(t), \cdots, e_{pN}^{\mathrm{T}}(t)]^{\mathrm{T}}$，则有

$$
e_p(t) = \begin{bmatrix}
\sum_{j=1}^{N} a_{1j} & 0 & 0 & \cdots & 0 \\
0 & \sum_{j=1}^{N} a_{2j} & 0 & \cdots & 0 \\
\vdots & \vdots & \vdots & & \vdots \\
0 & 0 & 0 & \cdots & \sum_{j=1}^{N} a_{Nj}
\end{bmatrix}
\begin{bmatrix}
\tilde{p}_1(t) \\
\tilde{p}_2(t) \\
\vdots \\
\tilde{p}_N(t)
\end{bmatrix}
-
\begin{bmatrix}
a_{11} & a_{12} & \cdots & a_{1N} \\
a_{21} & a_{22} & \cdots & a_{2N} \\
\vdots & \vdots & & \vdots \\
a_{N1} & a_{N2} & \cdots & a_{NN}
\end{bmatrix}
\begin{bmatrix}
\tilde{p}_1(t) \\
\tilde{p}_2(t) \\
\vdots \\
\tilde{p}_N(t)
\end{bmatrix}
$$
$$
+
\begin{bmatrix}
b_1 & 0 & \cdots & 0 \\
0 & b_2 & \cdots & 0 \\
\vdots & \vdots & & \vdots \\
0 & 0 & \cdots & b_N
\end{bmatrix}
\begin{bmatrix}
\tilde{p}_1(t) \\
\tilde{p}_2(t) \\
\vdots \\
\tilde{p}_N(t)
\end{bmatrix}
\tag{3.31}
$$

式中，$\tilde{p}_i(t) = p_i(t) - p_0(t)$。由代数图论相关知识可知

$$
\begin{aligned}
e_p(t) &= (D \otimes I_n)\tilde{p}(t) - (A \otimes I_n)\tilde{p}(t) + (B \otimes I_n)\tilde{p}(t) \\
&= [(L+B) \otimes I_n]\,\tilde{p}(t)
\end{aligned}
\tag{3.32}
$$

式中，$\tilde{p}(t) = [\tilde{p}_1^{\mathrm{T}}(t), \tilde{p}_2^{\mathrm{T}}(t), \cdots, \tilde{p}_N^{\mathrm{T}}(t)]^{\mathrm{T}}$。同理有

$$
e_v(t) = [(L+B) \otimes I_n]\tilde{v}(t)
\tag{3.33}
$$

式中，$e_v(t) = [e_{v1}^T(t), e_{v2}^T(t), \cdots, e_{vN}^T(t)]^T$；$\tilde{v}(t) = [\tilde{v}_1^T(t), \tilde{v}_2^T(t), \cdots, \tilde{v}_i^T(t), \cdots, \tilde{v}_N^T(t)]^T$，$\tilde{v}_i(t) = v_i(t) - v_0(t)$；$I_n$ 为 n 阶单位矩阵。因此，多智能体系统的误差状态方程可写为

$$\begin{cases} \dot{e}_p(t) = e_v(t) \\ \dot{e}_v(t) = [(L+B) \otimes I_n](u(t) + d(t) - 1_N \otimes u_0(t)) \end{cases} \quad (3.34)$$

式中，$u(t) = [u_1^T(t), u_2^T(t), \cdots, u_N^T(t)]^T$；$d(t) = [d_1^T(t), d_2^T(t), \cdots, d_N^T(t)]^T$；$1_N$ 为 $N \times 1$ 的列向量。

针对多智能体系统的误差状态方程(3.34)，给出第 i 个智能体的滑模面为

$$s_i(t) = ce_{pi}(t) + e_{vi}(t), \quad i = 1, 2, \cdots, N \quad (3.35)$$

式中，$c > 0$。定义 $s(t) = [s_1^T(t), s_2^T(t), \cdots, s_N^T(t)]^T$，则滑模面可写为如下矢量形式，即

$$s(t) = ce_p(t) + e_v(t) \quad (3.36)$$

定义智能体 i 的量测误差为

$$\begin{cases} e_{1i}(t) = e_{pi}(t_k^i) - e_{pi}(t) \\ e_{2i}(t) = e_{vi}(t_k^i) - e_{vi}(t) \end{cases}, \quad t \in [t_k^i, t_{k+1}^i) \quad (3.37)$$

式中，$i = 1, 2, \cdots, N$；$k = 0, 1, 2, \cdots$；t_k^i 为触发瞬间。此时事件触发条件设计为

$$e_i(t) \leqslant \frac{\alpha \chi(t)}{N} \quad (3.38)$$

式中，$e_i(t) = ck_1 \|e_{1i}(t)\|_1 + (c + k_1)\|e_{2i}(t)\|_1$；$N$ 为智能体的个数；$\alpha \in (0, \infty)$；$\chi(t) = \sqrt{\varepsilon_1 \varepsilon^{-\tau t} + \varepsilon_0}$，$\varepsilon > 1$，$0 \leqslant \tau \leqslant 1$，$0 < \varepsilon_0, \varepsilon_1 < 1$。此时触发时刻确定为

$$t_{k+1}^i = \inf\left\{ t > t_k^i : e_i(t) > \frac{\alpha \chi(t)}{N} \right\} \quad (3.39)$$

定理 3.3 考虑多智能体系统(3.27)满足假设 3.2~3.4，基于事件触发机制(3.39)的滑模控制器设计为

$$u_i(t) = (l_{ii} + b_i)^{-1}\left(\sum_{j=1}^{N} a_{ij} u_j(t) - ce_{vi}(t_k^i) - k_1 s_i(t_k^i) - k_2 \mathrm{sgn}(s_i(t_k^i)) \right), \quad t \in [t_k^i, t_{k+1}^i)$$

$$(3.40)$$

且有如下矢量形式，即

$$u(t) = [(L+B)^{-1} \otimes I_n](-ce_v(t_k) - k_1 s(t_k) - k_2 \mathrm{sgn}(s(t_k))), \quad t \in [t_k^i, t_{k+1}^i) \quad (3.41)$$

式中，t_k^i 为触发瞬间；$c > 0$；$k_1 > 0$；$k_2 \geqslant \alpha\chi(t) + (D+\rho) \cdot \|(L+B) \otimes I_n\|_1$；$s(t_k) = [s_1^{\mathrm{T}}(t_k^1), s_2^{\mathrm{T}}(t_k^2), \cdots, s_N^{\mathrm{T}}(t_k^N)]^{\mathrm{T}}$；$e_v(t_k) = [e_{v1}^{\mathrm{T}}(t_k^1), e_{v2}^{\mathrm{T}}(t_k^2), \cdots, e_{vN}^{\mathrm{T}}(t_k^N)]^{\mathrm{T}}$；$\mathrm{sgn}(s(t_k)) = [\mathrm{sgn}^{\mathrm{T}}(s_1(t_k^1)), \mathrm{sgn}^{\mathrm{T}}(s_2(t_k^2)), \cdots, \mathrm{sgn}^{\mathrm{T}}(s_N(t_k^N))]^{\mathrm{T}}$。因此，多智能体系统可在节省通信资源的同时实现期望的一致性任务。

证明：设量测误差的矢量形式为 $e_1(t) = [e_{11}^{\mathrm{T}}(t), e_{12}^{\mathrm{T}}(t), \cdots, e_{1N}^{\mathrm{T}}(t)]^{\mathrm{T}}$，$e_2(t) = [e_{21}^{\mathrm{T}}(t), e_{22}^{\mathrm{T}}(t), \cdots, e_{2N}^{\mathrm{T}}(t)]^{\mathrm{T}}$，构造 Lyapunov 能量函数

$$V(t) = \frac{1}{2} s^{\mathrm{T}}(t) s(t) \quad (3.42)$$

对式 (3.42) 求导可得

$$\begin{aligned} \dot{V}(t) &= s^{\mathrm{T}}(t)(\dot{e}_v(t) + ce_v(t)) \\ &= s^{\mathrm{T}}(t)\{[(L+B) \otimes I_n](u(t) + d(t) - 1_N \otimes u_0(t)) + ce_v(t)\} \end{aligned} \quad (3.43)$$

将事件触发滑模控制器 (3.41) 代入式 (3.43) 有

$$\begin{aligned} \dot{V}(t) = {}& s^{\mathrm{T}}(t)\{-c(e_v(t_k) - e_v(t)) - k_1 s(t_k) - k_2 \mathrm{sgn}(s(t_k)) \\ & + [(L+B) \otimes I_n](d(t) - 1_N \otimes u_0(t))\} \\ \leqslant {}& \|s(t)\|_1 \left[ck_1 \|e_1(t)\|_1 + (c+k_1)\|e_2(t)\|_1 \right] + (D+\rho)\|(L+B) \otimes I_n\|_1 \|s(t)\|_1 \\ & - k_2 \sum_{i=1}^{N} s_i^{\mathrm{T}}(t) \mathrm{sgn}(s_i(t_k^i)) - k_1 s^{\mathrm{T}}(t) s(t) \end{aligned} \quad (3.44)$$

滑模轨迹到达滑模面之前，符号函数不会改变，此时 $\mathrm{sgn}(s_i(t_k^i)) = \mathrm{sgn}(s_i(t))$，由事件条件可知 $ck_1\|e_1(t)\|_1 + (c+k_1)\|e_2(t)\|_1 = \sum_{i=1}^{N} e_i(t) \leqslant \alpha\chi(t)$，则式 (3.44) 可写为

$$\dot{V}(t) \leqslant -\|s(t)\|_1 \left[k_2 - \alpha\chi(t) - (D+\rho)\|(L+B) \otimes I_n\|_1 \right] - k_1 s^{\mathrm{T}}(t) s(t) \quad (3.45)$$

由于 $k_2 \geqslant \alpha\chi(t) + (D+\rho)\|(L+B) \otimes I_n\|_1$，因此有

$$\dot{V}(t) \leqslant -k_1 s^{\mathrm{T}}(t) s(t) \quad (3.46)$$

对式(3.46)两边同时积分可得

$$k_1 \int_0^\infty s^{\mathrm{T}}(t)s(t)\mathrm{d}t \leqslant V(0) - V(\infty) \tag{3.47}$$

根据 Barbalat 引理可知，当 $t \to \infty$ 时，$s_i(t) \to 0$，进一步有 $e_{pi}(t) \to 0$，$e_{vi}(t) \to 0$，则多智能体系统在外界干扰存在的情况下可实现一致性任务，且速度与领导者速度匹配。

然而，当系统轨迹到达滑模面后，$\mathrm{sgn}(s_i(t_k^i)) = \mathrm{sgn}(s_i(t))$ 不再成立，此时式(3.45)～式(3.47)的分析不再适用。受限于触发条件(3.38)，系统轨迹只增加到一定的范围，此时主要讨论 $s_i(t)$ 的最大边界，使滑动轨迹始终保持在最大边界范围内。基于触发条件(3.38)，有

$$\begin{aligned}
\left\| s_i(t_k^i) - s_i(t) \right\|_1 &= \left\| ce_{1i}(t) + e_{2i}(t) \right\|_1 \\
&\leqslant c \left\| e_{1i}(t) \right\|_1 + \left\| e_{2i}(t) \right\|_1 \\
&\leqslant \frac{1}{k_1}(ck_1 \left\| e_{1i}(t) \right\|_1 + (c+k_1) \left\| e_{2i}(t) \right\|_1) \\
&\leqslant \frac{\alpha\chi(t)}{Nk_1}
\end{aligned} \tag{3.48}$$

由不等式(3.48)可得到系统轨迹与滑模面的偏差上界，且当偏差大于 $\alpha\chi(t)/Nk_1$ 时，控制器会更新。取 $s_i(t_k^i) = 0$ 可得滑动轨迹最大边界为 $\alpha\chi(t)/Nk_1$，则 $e_{pi}(t)$ 和 $e_{vi}(t)$ 会保持在一定界限内，由

$$\begin{cases}
\left\| e_{pi}(t_k^i) - e_{pi}(t) \right\|_1 = \left\| e_{1i}(t) \right\|_1 \leqslant \dfrac{\alpha\chi(t)}{Nck_1} \\[3mm]
\left\| e_{vi}(t_k^i) - e_{vi}(t) \right\|_1 = \left\| e_{2i}(t) \right\|_1 \leqslant \dfrac{\alpha\chi(t)}{Nk_1}
\end{cases} \tag{3.49}$$

可得

$$\begin{cases}
\displaystyle\lim_{t \to \infty} e_{pi}(t) \leqslant \dfrac{\alpha\chi(t)}{Nck_1} \\[3mm]
\displaystyle\lim_{t \to \infty} e_{vi}(t) \leqslant \dfrac{\alpha\chi(t)}{Nk_1}
\end{cases} \tag{3.50}$$

则多智能体系统在外界干扰存在的情况下可实现期望的一致性，定理 3.3 证明完毕。

为避免加入事件触发后的 Zeno 现象，下面给出定理 3.4，并进行理论证明。

定理 3.4　考虑多智能体系统 (3.27) 满足假设 3.2～假设 3.4，基于控制器 (3.41)，由事件触发机制 (3.39) 定义的触发间隔常数 $T_i = t_{k+1}^i - t_k^i$ 的下界是一个正值，满足如下不等式关系，即

$$T_i = t_{k+1}^i - t_k^i \geqslant \frac{1}{c}\ln\left(1 + \frac{\sqrt{\varepsilon_0}\,\alpha c}{N\Delta}\right) > 0 \tag{3.51}$$

式中，$\Delta = ck_1\left\|e_{vi}(t_k^i)\right\|_1 + (c+k_1)[u' + \left\|(L+B)\otimes I_n\right\|_1(D+\rho)], u' = \left\|-ce_v(t_k) - k_1 s(t_k) - k_2\mathrm{sgn}(s(t_k))\right\|_1$。

证明：由 $e_i(t) = ck_1\left\|e_{1i}(t)\right\|_1 + (c+k_1)\left\|e_{2i}(t)\right\|_1$ 可知，当 $t \in [t_k^i, t_{k+1}^i)$ 时，有以下不等式成立，即

$$\begin{aligned}
\frac{\mathrm{d}}{\mathrm{d}t}e_i(t) &\leqslant ck_1\left\|\dot{e}_{1i}(t)\right\|_1 + (c+k_1)\left\|\dot{e}_{2i}(t)\right\|_1 \\
&\leqslant ck_1\left\|e_{vi}(t)\right\|_1 + (c+k_1)\left\|\dot{e}_{vi}(t)\right\|_1 \\
&\leqslant ck_1\left\|e_{2i}(t)\right\|_1 + ck_1\left\|e_{vi}(t_k^i)\right\|_1 + (c+k_1)\left\|\dot{e}_v(t)\right\|_1 \\
&\leqslant (c+k_1)\left\|[(L+B)\otimes I_n](u(t)+d(t)-1_N\otimes u_0(t))\right\|_1 \\
&\quad + ck_1\left\|e_{2i}(t)\right\|_1 + ck_1\left\|e_{vi}(t_k^i)\right\|_1
\end{aligned} \tag{3.52}$$

将控制器 (3.41) 代入式 (3.52)，可得

$$\begin{aligned}
\frac{\mathrm{d}}{\mathrm{d}t}e_i(t) &\leqslant ck_1\left\|e_{2i}(t)\right\|_1 + ck_1\left\|e_{vi}(t_k^i)\right\|_1 + (c+k_1)\left\|(L+B)\otimes I_n\right\|_1(D+\rho) \\
&\quad + (c+k_1)\left\|-ce_v(t_k) - k_1 s(t_k) - k_2\mathrm{sgn}(s(t_k))\right\|_1
\end{aligned} \tag{3.53}$$

式 (3.53) 可进一步写为

$$\frac{\mathrm{d}}{\mathrm{d}t}e_i(t) \leqslant ck_1\left\|e_{2i}(t)\right\|_1 + \Delta \leqslant ce_i(t) + \Delta \tag{3.54}$$

由于 $e_i(t_k^i) = 0$，求解不等式 (3.54) 可得

$$e_i(t) \leqslant \int_{t_k^i}^t \mathrm{e}^{c(t-\tau)}\Delta\,\mathrm{d}\tau = -\frac{\Delta}{c}\mathrm{e}^{c(t-\tau)}\Big|_{t_k^i}^t = \frac{\Delta}{c}(\mathrm{e}^{c(t-t_k^i)}-1) \tag{3.55}$$

当 $t = t_{k+1}^i$ 时，由触发机制 $e_i(t) \geqslant \dfrac{\alpha \chi(t)}{N} \geqslant \dfrac{\sqrt{\varepsilon_0}\alpha}{N}$ 可知

$$\frac{\Delta}{c}(\mathrm{e}^{c(t_{k+1}^i - t_k^i)} - 1) \geqslant \frac{\alpha \chi(t)}{N} \geqslant \frac{\sqrt{\varepsilon_0}\alpha}{N} \tag{3.56}$$

则触发间隔 $T_i = t_{k+1}^i - t_k^i$ 满足

$$T_i = t_{k+1}^i - t_k^i \geqslant \frac{1}{c}\ln\left(1 + \frac{\chi(t)\alpha c}{N\Delta}\right) \geqslant \frac{1}{c}\ln\left(1 + \frac{\sqrt{\varepsilon_0}\alpha c}{N\Delta}\right) > 0 \tag{3.57}$$

定理 3.4 得证。

3.2.3　仿真验证

下面利用仿真软件对理论算法进行仿真验证。无向通信拓扑图如图 3.6 所示，该系统由式(3.27)和式(3.28)描述的 3 个跟随者和 1 个领导者组成，$c = 0.5$，$k_1 = 5$，$k_2 = 3$，干扰 $d_i(t) = [0.1\sin t, 0.1\sin t, 0.1\sin t]^{\mathrm{T}}$，事件触发参数设置为 $\alpha = 0.5$，$\varepsilon = 3$，$\tau = 0.5$，$\varepsilon_0 = 0.7$，$\varepsilon_1 = 0.5$。在本仿真中，定义邻接矩阵系数 $a_{ij} = 1$，邻接矩阵 A、拉普拉斯矩阵 L 和领导者邻接矩阵 B 设置为

$$A = \begin{bmatrix} 0 & 1 & 0 \\ 1 & 0 & 1 \\ 0 & 1 & 0 \end{bmatrix}, \quad L = \begin{bmatrix} 1 & -1 & 0 \\ -1 & 2 & -1 \\ 0 & -1 & 1 \end{bmatrix}, \quad B = \begin{bmatrix} 1 & 0 & 0 \\ 0 & 0 & 0 \\ 0 & 0 & 0 \end{bmatrix}$$

领导者的参考轨迹为 $p_0(t) = [\sin(0.5t), \cos(0.5t), 3]^{\mathrm{T}}$，3 个跟随者的初始状态分别为 $p_1(0) = [0,3,1]^{\mathrm{T}}$、$p_2(0) = [2,2,0.5]^{\mathrm{T}}$ 和 $p_3(0) = [3,0,0]^{\mathrm{T}}$。

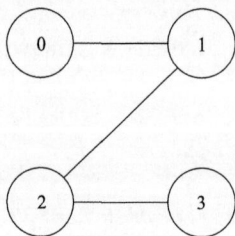

图 3.6　无向通信拓扑图

图 3.7 为 1 个领导者和 3 个跟随者的智能体轨迹图。在事件触发机制(3.39)和控制器(3.40)作用下，3 个跟随者由不同的初始状态出发，逐渐向领导者轨迹靠拢，最终 4 个智能体实现一致性。

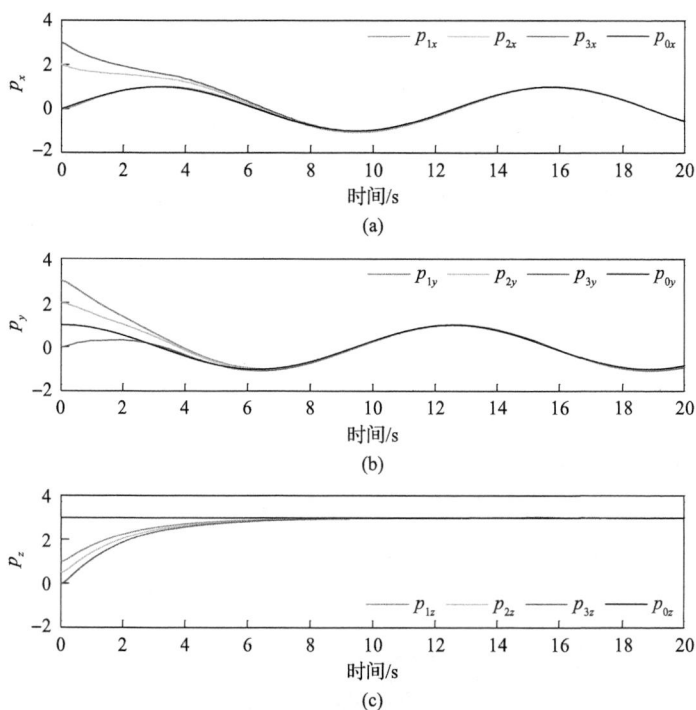

图 3.7　智能体轨迹图

图 3.8 和图 3.9 分别为智能体的一致性位置误差和一致性速度误差，可以看出一致性位置误差和一致性速度误差都会收敛到一个理想的有界范围内，即实现多智能体系统的一致性控制及速度匹配。图 3.10 为滑模面的轨迹，可以看出滑模面最终会收敛到一个有界的范围内。

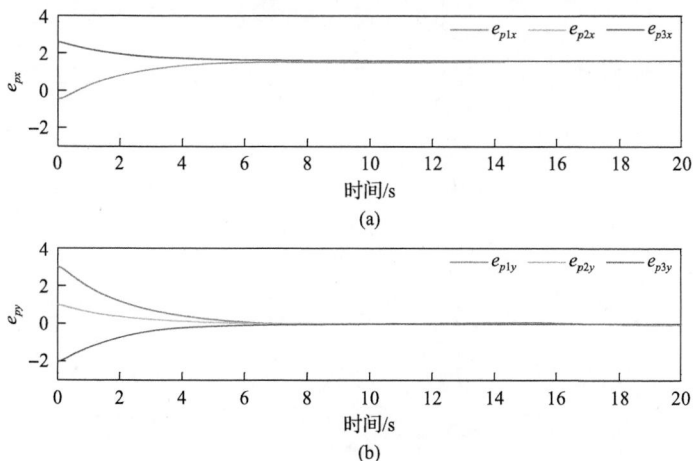

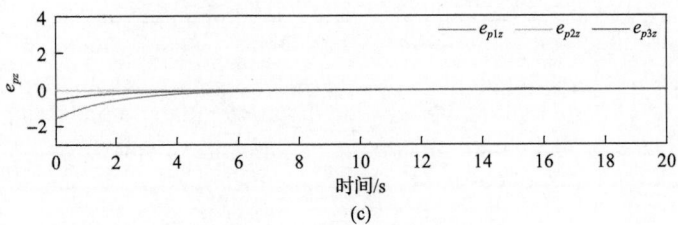

(c)

图 3.8　一致性位置误差

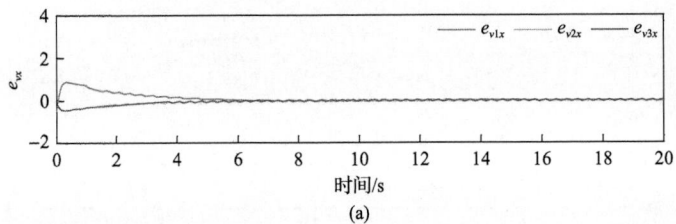

(a)

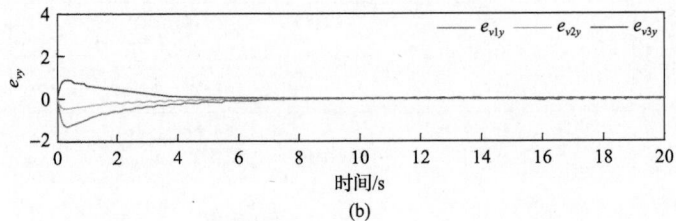

(b)

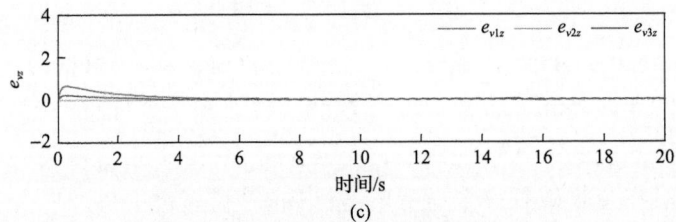

(c)

图 3.9　一致性速度误差

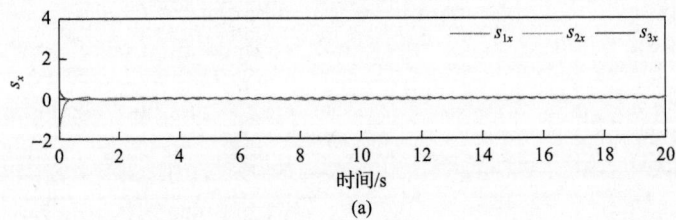

(a)

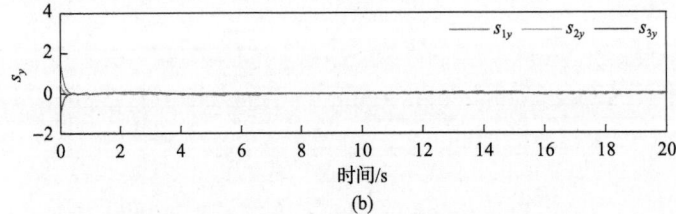

(b)

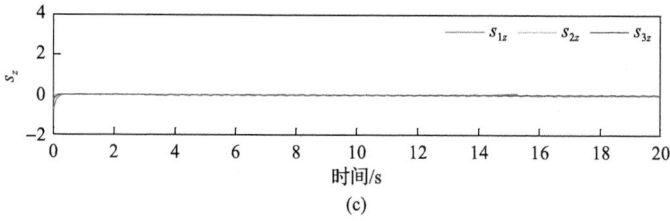

图 3.10　滑模面的轨迹

　　3 个智能体的事件触发滑模控制器如图 3.11 所示。由触发机制 (3.39) 可知，只有当量测误差超过所设定的阈值时，控制器才会更新，避免了不必要的通信传输，且多智能体系统在此控制器的作用下，仍可实现期望的一致性。图 3.12 为触发间隔图，可以看出在初始时刻，一致性误差较大，触发频率较高，但控制器最终会以稳定且较慢的频率进行更新，在此过程中触发间隔均大于零，因此 Zeno 现象不会出现。本次数值仿真的采样步长设置为 0.001s，采样时间为 20s，在事件触发机制 (3.39) 作用下，3 个智能体控制器更新次数依次为 113、121、120，通过计算可得，可以节约 99.4% 的传输资源。

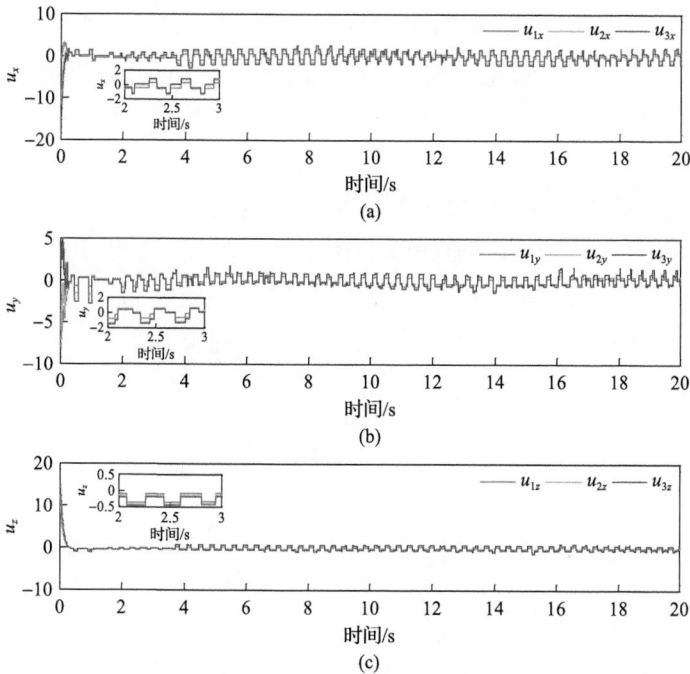

图 3.11　事件触发滑模控制器

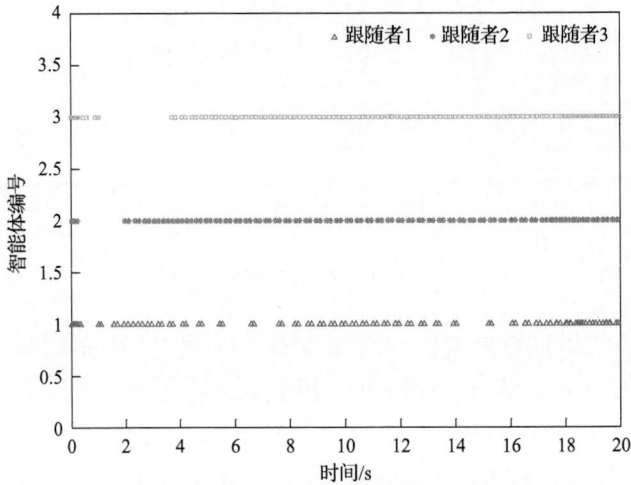

图 3.12　触发间隔图

3.3　本　章　小　结

本章重点介绍了一阶和二阶多智能体系统一致性控制问题,首先针对一阶多智能体系统,考虑通信资源受限和外部干扰存在的情况,基于事件触发机制和滑模控制方法设计一致性控制器,使控制器仅在某些离散的触发时刻更新,节省通信资源并有效克服外部干扰,保证多智能体系统良好的鲁棒性,且保证触发瞬间没有 Zeno 现象;然后针对二阶多智能体系统一致性控制问题,综合考虑通信资源受限和外部干扰的影响,采用滑模控制方法,基于事件触发机制设计一致性控制器,其中事件触发阈值用于决定控制器的更新时刻,降低了智能体间的通信频率和控制器的更新频率,实现一致性位置误差和一致性速度误差的有界收敛,且保证触发瞬间没有 Zeno 现象。基于 Lyapunov 稳定理论证明了一阶和二阶多智能体系统的稳定性,并通过仿真验证了事件触发控制方案的有效性。

第4章　多智能体系统固定时间事件触发编队控制

多智能体系统的编队控制是协同控制中的研究热点，通常旨在驱动一组自主智能体使其状态或输出实现并保持所期望的构型。随着多智能体以期望编队构型完成协同工作的需求不断提高[134]，如何实现理想的编队性能已成为诸如多无人机巡航和机器人集群控制等实际工程应用中需要关注的重点问题[135,136]。目前，有关多智能体编队控制的大多数成果都基于渐近稳定性，这表明实现期望的编队构型只能在无限时间内完成。然而，大部分实际系统需要在特定时间内实现所需的编队，因此收敛速率对于控制器的设计至关重要。与渐近收敛结果相比，有限时间控制具有收敛速度快、鲁棒性强的特点，逐渐得到广泛应用。有限时间控制策略的收敛时间与智能体的初始条件明确相关。然而，当初始条件部分未知，或较大干扰引起初始状态显著变化时，会引发收敛时间过长等问题，限制了有限时间控制方法在实际中的应用。为了克服有限时间收敛的缺点，本章进一步提出扩展的全局有限时间稳定性概念，即有限时间稳定的条件与系统的初始状态值无关，该概念被称为固定时间稳定性。固定时间稳定性在多智能体系统的一致性控制与编队控制中得到广泛应用，其稳定时间的上界仅与控制器的设计参数和多智能体的代数连接性相关。除了收敛性能，控制消耗成本也是控制器设计需要考虑的关键因素。事件触发控制本质上为一种资源感知型采样技术，控制器更新仅在事件触发的瞬间发生，从而减少控制器更新的次数和通信成本。基于此，本章在存在输入时延和外部干扰的情况下，研究并分析基于事件触发机制的多智能体系统分布式编队控制算法，其中多智能体系统能够基于相邻智能体之间的交互信息在固定时间内实现期望的时变队形。

4.1　问　题　描　述

4.1.1　基本定义和相关引理

假设原点是下列系统的平衡点，即

$$\begin{cases} \dot{z} = g(t, z(t)) \\ z(0) = 0 \end{cases} \tag{4.1}$$

式中，$t \in \mathrm{R}^+$；$z = z(t) \in \mathrm{R}^n$ 为状态；$g(t, z(t)) : \mathrm{R}^+ \times \mathrm{R}^n \to \mathrm{R}^n$ 为非线性函数，且 $g(0) = 0$。如果 $g(t, z(t))$ 是不连续的，那么 (4.1) 的解是 Filippov 意义下的。

为方便后续固定时间事件触发编队控制器设计，需要引入以下定义和引理。

定义 4.1[66]　集合 $\Theta \subset \mathrm{R}^n$ 关于系统 (4.1) 是全局有限时间吸引的，当且仅当存在稳定时间 $T_s(z_0) > 0$，使得任意解 $z(t, z_0)$ 满足

$$\begin{cases} \lim\limits_{t \to T_s(z_0)} \mathrm{dist}(z(t), \Theta) = 0 \\ \mathrm{dist}(z(t), \Theta) = 0, \quad t > T_s(z_0) \end{cases} \tag{4.2}$$

式中，$\mathrm{dist}(z(t), \Theta) = \inf\limits_{z(t) \in \Theta} \left\| z(t) - \Theta \right\|^2$ 是集合 $\Theta \subset \mathrm{R}^n$ 上向量 $z(t)$ 的距离。

定义 4.2[57]　集合 $\Theta \subset \mathrm{R}^n$ 关于系统 (4.1) 是全局固定时间吸引的，如果系统 (4.1) 满足全局有限时间吸引，并且稳定时间 $T_s(z_0)$ 关于 $T_{\max} > 0$ 是全局有界的，即对任何初始状态有 $T_s(z_0) \leqslant T_{\max}$。

引理 4.1[57,137]　令 $V(Z) : \mathrm{R}^n \to \mathrm{R}^+ \cup \{0\}$ 是一个连续的径向无界正定函数，满足以下条件：

(1) $V(z) = 0 \Rightarrow z \in \Theta$。

(2) $V(z)$ 的 Dini 导数在系统 (4.1) 的任何解下满足不等式

$$D^+ V(z(t))|_{(1)} \leqslant -aV(z(t))^\mu - bV(z(t))^\upsilon, \quad a, b > 0; \mu \in (0, 1); \upsilon \in (1, \infty) \tag{4.3}$$

则该集合 Θ 关于系统 (4.1) 是固定时间吸引的，其稳定时间为

$$T_s(z_0) \leqslant T_{\max} := \frac{1}{a(1 - \mu)} + \frac{1}{b(\upsilon - 1)}, \quad \forall z_0 \in \mathrm{R}^n \tag{4.4}$$

(3) $V(z)$ 关于系统 (4.1) 的 Dini 导数满足以下不等式，即

$$D^+ V(z(t))|_{(1)} \leqslant -aV(z(t))^\mu - bV(z(t))^\upsilon + \eta, \quad a, b, \eta > 0; \mu \in (0, 1); \upsilon \in (1, \infty) \tag{4.5}$$

则集合 Θ 关于系统 (4.1) 是固定时间吸引的，并且系统 (4.1) 解的残差集为

$$\lim\limits_{t \to T_s(z_0)} z \left| V(z) \leqslant \min \left\{ \left[\frac{\eta}{a(1 - \varepsilon)} \right]^{1/\mu}, \left[\frac{\eta}{b(1 - \varepsilon)} \right]^{1/\upsilon} \right\} \right. \tag{4.6}$$

式中，ε 为标量，满足 $0 < \varepsilon < 1$，其稳定时间上界为

$$T_s(z_0) \leqslant T_{\max} := \frac{1}{a\varepsilon(1-\mu)} + \frac{1}{b\varepsilon(\upsilon-1)}, \quad z_0 \in \mathbf{R}^n \tag{4.7}$$

证明：该证明可参考文献[57]和文献[137]，在此省略证明过程。

引理 4.2　基于引理 4.1 的条件，若常数 μ 和 υ 选为 $\mu = 1 - 1/2\gamma$，$\upsilon = 1 + 1/2\gamma$，$\gamma > 1$，则稳定时间 $T_s(z_0)$ 的上界可估计为

$$T_s(z_0) \leqslant T_{\max} := \frac{\pi\gamma}{\sqrt{ab}} \tag{4.8}$$

如果系统 (4.1) 满足实际固定时间吸引，那么系统 (4.1) 解的残差集为

$$\lim_{\substack{t \to T_s(z_0) \\ \varepsilon \to \varepsilon_0}} z \mid V(z) \leqslant \min\left\{ \left[\frac{\eta}{a(1-\varepsilon)}\right]^{\frac{1}{1-\frac{1}{2\gamma}}}, \left[\frac{\eta}{b(1-\varepsilon)}\right]^{\frac{1}{1+\frac{1}{2\gamma}}} \right\} \tag{4.9}$$

式中，ε_0 为标量，满足 $0 < \varepsilon_0 < 1$。其稳定时间的上界为

$$T_s(z_0) \leqslant T_{\max} := \frac{\pi\gamma}{\sqrt{\varepsilon_0 ab}}, \quad z_0 \in \mathbf{R}^n \tag{4.10}$$

证明：假设存在标量 $0 < \varepsilon \leqslant 1$，使得 $V(z)$ 的 Dini 导数表示为

$$\begin{aligned}
D^+ V(z(t))\big|_{(1)} &\leqslant -a\varepsilon V(z(t))^\mu - a(1-\varepsilon)V(z(t))^\mu \\
&\quad - b\varepsilon V(z(t))^\upsilon - b(1-\varepsilon)V(z(t))^\upsilon
\end{aligned} \tag{4.11}$$

显然，当常数 μ 和 υ 选为 $\mu = 1 - 1/2\gamma$、$\upsilon = 1 + 1/2\gamma\,(\gamma > 1)$ 时，如果满足 $V(z(t))^{(1-1/2\gamma)} \geqslant \eta/a(1-\varepsilon)$，那么 $V(z)$ 的 Dini 导数为

$$D^+ V(z(t))\big|_{(1)} \leqslant -a\varepsilon V(z(t))^{(1-1/2\gamma)} - b V(z(t))^{(1+1/2\gamma)} \tag{4.12}$$

分离变量，可将式 (4.12) 重写为

$$\int_{V(z(0))}^{V(z(t))} \frac{D^+ V(z(t))}{a\varepsilon V(z(t))^{(1-1/2\gamma)} + b V(z(t))^{(1+1/2\gamma)}} \Bigg|_{(1)} \leqslant -t \tag{4.13}$$

令 $w(t) = V(z(t))^{1/2\gamma}$，$V(z(t)) = w(t)^{2\gamma}$，则

$$\int_{V(z(0))}^{V(z(t))} \frac{2\gamma \cdot w(t)^{2\gamma-1} D^+ w(t)}{a\varepsilon w(t)^{(2\gamma-1)} + bw(t)^{(2\gamma+1)}} = 2\gamma \int_{\omega(0)}^{\omega(t)} \frac{D^+ w(t)}{\varepsilon a + bw(t)^2} \leqslant -t \tag{4.14}$$

因此，当 $t \geqslant 0$ 时，上述方程的解为

$$\frac{2\gamma}{\sqrt{\varepsilon ab}} \arctan\left(\sqrt{\frac{b}{\varepsilon a}} V(z(t))^{1/2\gamma}\right) = -t + c_0 \tag{4.15}$$

式中，c_0 的表达式为

$$c_0 = \frac{2\gamma}{\sqrt{\varepsilon ab}} \arctan\left(\sqrt{\frac{b}{\varepsilon a}} V(z(0))^{1/2\gamma}\right)$$

当 $t = c_0$ 时，$V(z(t)) = 0$。收敛时间的上界可计算为

$$T_s(z_0) \leqslant T_{\max} := \frac{\pi\gamma}{\sqrt{\varepsilon ab}}, \quad z_0 \in \mathrm{R}^n \tag{4.16}$$

同理，当 $V(z(t))^{\upsilon} \geqslant \eta/b(1-\varepsilon)$ 且 $V(z)$ 的 Dini 导数满足 $D^+ V(z(t))|_{(1)} \leqslant -aV(z(t))^{\mu} - b\varepsilon V(z(t))^{\upsilon}$ 时，最大收敛时间估算为 $T_s(z_0) \leqslant T_{\max} := \pi\gamma/\sqrt{\varepsilon ab}$，$\forall z_0 \in \mathrm{R}^n$。根据引理 4.1，能量函数 $V(z(t))$ 在固定时间内衰减，使得闭环系统轨迹收敛到

$$\lim_{\substack{t \to T_s(z_0) \\ \varepsilon \to \varepsilon_0}} z \mid V(z) \leqslant \min\left\{\left[\frac{\eta}{a(1-\varepsilon)}\right]^{\frac{1}{1-1/2\gamma}}, \left[\frac{\eta}{b(1-\varepsilon)}\right]^{\frac{1}{1+1/2\gamma}}\right\} \tag{4.17}$$

式中，$0 < \varepsilon_0 < 1$。达到式(4.17)所需的时间上界为

$$T_s(z_0) \leqslant T_{\max} := \frac{\pi\gamma}{\sqrt{\varepsilon_0 ab}}, \quad z_0 \in \mathrm{R}^n \tag{4.18}$$

注 4.1 由引理 4.2 可以得出收敛时间的上界 $T_{\max}$ 与系统初始状态无关。如果 $\eta = 0$，那么系统(4.1)在 $T_s(z_0) \leqslant T_{\max} := \pi\gamma/\sqrt{ab}$，$\forall z_0 \in \mathrm{R}^n$ 内是固定时间稳定的。

引理 4.3 对于任意 $\tilde{y}, \tilde{z} \in \mathrm{R}^n$ 和 $\upsilon \geqslant 1$，有以下结论成立：

(1) $\|\tilde{y} + \tilde{z}\|_1^{\upsilon} \leqslant 2^{\upsilon-1} (\|\tilde{y}\|_1^{\upsilon} + \|\tilde{z}\|_1^{\upsilon})$。

(2)若$\|\tilde{z}\|_1 \leqslant \|\tilde{y}\|_1$，则

$$-\tilde{y}^{\mathrm{T}}[\tilde{y}+\tilde{z}]^{[v]} \leqslant -2^{1-v}\tilde{y}^{\mathrm{T}}[\tilde{y}]^{[v]} + 2^{v-1}|\tilde{y}|^{\mathrm{T}}|\tilde{z}|^v$$

证明：

(1)根据不等式$\|\tilde{y}+\tilde{z}\|_1^v \leqslant (\|\tilde{y}\|_1+\|\tilde{z}\|_1)^v$，只需证明$(\|\tilde{y}\|_1+\|\tilde{z}\|_1)^v \leqslant 2^{v-1}(\|\tilde{y}\|_1^v + \|\tilde{z}\|_1^v)$成立。不失一般性，假设$\|\tilde{z}\|_1 \leqslant \|\tilde{y}\|_1$，构造函数$f(\|\tilde{y}\|_1)$为

$$f(\|\tilde{y}\|_1) = (\|\tilde{y}\|_1+\|\tilde{z}\|_1)^v - 2^{v-1}(\|\tilde{y}\|_1^v + \|\tilde{z}\|_1^v) \tag{4.19}$$

显然，$\mathrm{d}f(\|\tilde{y}\|_1)/\mathrm{d}t = v(\|\tilde{y}\|_1+\|\tilde{z}\|_1)^{v-1} - v(2\|\tilde{y}\|_1)^{v-1}$，$f(\|\tilde{y}\|_1)$是递减函数，且$f(\|\tilde{y}\|_1) \leqslant f(\|\tilde{z}\|_1) \leqslant 0$，即$(\|\tilde{y}\|_1+\|\tilde{z}\|_1)^v \leqslant 2^{v-1}(\|\tilde{y}\|_1^v + \|\tilde{z}\|_1^v)$，证毕。

(2)由于$\|\tilde{z}\|_1 \leqslant \|\tilde{y}\|_1$，假设存在一个实数$\theta$满足$|\theta| \leqslant 1$，使得$\tilde{z} = \theta\tilde{y}$且$1+\theta \geqslant 0$，则引理4.3中不等式的左侧可以写为

$$-\tilde{y}^{\mathrm{T}}[\tilde{y}+\tilde{z}]^{[v]} = -\tilde{y}^{\mathrm{T}}[\tilde{y}+\theta\tilde{y}]^{[v]} = -(1+\theta)^v\tilde{y}^{\mathrm{T}}[\tilde{y}]^{[v]} = -(1+\theta)^v\|\tilde{y}\|_1^{v+1} \tag{4.20}$$

此外，引理4.3(2)中不等式的右侧满足

$$-2^{1-v}\tilde{y}^{\mathrm{T}}[\tilde{y}]^{[v]} + 2^{v-1}|\tilde{y}|^{\mathrm{T}}|\tilde{z}|^v = -2^{1-v}\|\tilde{y}\|_1^{v+1} + 2^{v-1}|\theta|^v\|\tilde{y}\|_1^{v+1} = (2^{v-1}|\theta|^v - 2^{1-v})\|\tilde{y}\|_1^{v+1} \tag{4.21}$$

如果引理4.3(2)中不等式关系成立，那么满足$-(1+\theta)^v \leqslant 2^{v-1}|\theta|^v - 2^{1-v}$，$v \geqslant 1$。定义函数为

$$f(\theta) = 2^{v-1}|\theta|^v - 2^{1-v} + (1+\theta)^v, \quad v \geqslant 1 \tag{4.22}$$

显然，在$f(\theta) \geqslant 0$的情况下引理4.3中的不等式成立。

对于$0 \leqslant \theta \leqslant 1$，$f(\theta)$可以重写为

$$f(\theta) = 2^{v-1}\theta^v - 2^{1-v} + (1+\theta)^v, \quad v \geqslant 1 \tag{4.23}$$

在$f(0) = 1 - 2^{1-v} \geqslant 0(v \geqslant 1)$的条件下，其导数为

$$\frac{\mathrm{d}f(\theta)}{\mathrm{d}\theta} = 2^{v-1}v\theta^{v-1} + v(1+\theta)^{v-1}, \quad v \geqslant 1 \tag{4.24}$$

显然，$\dfrac{\mathrm{d}f(\theta)}{\mathrm{d}\theta} \geqslant 0, \forall \theta \in [0,1]$，可以得到$f(\theta) \geqslant f(0) \geqslant 0$。

对于 $-1 \leqslant \theta \leqslant 0$ ，$f(\theta)$ 的表达式为

$$f(\theta) = 2^{\upsilon-1}(-\theta)^{\upsilon} - 2^{1-\upsilon} + (1+\theta)^{\upsilon}, \quad \upsilon \geqslant 1 \tag{4.25}$$

则 $f(0) = 1 - 2^{1-\upsilon} \geqslant 0, \upsilon \geqslant 1$ ，其导数为

$$\frac{\mathrm{d}f(\theta)}{\mathrm{d}\theta} = -2^{\upsilon-1}\upsilon(-\theta)^{\upsilon-1} + \upsilon(1+\theta)^{\upsilon-1} = -\upsilon(-2\theta)^{\upsilon-1} + \upsilon(1+\theta)^{\upsilon-1} \tag{4.26}$$

当 $\frac{\mathrm{d}f(\theta)}{\mathrm{d}\theta} = 0$ 时，可得 $\upsilon(1+\theta)^{\upsilon-1} = \upsilon(-2\theta)^{\upsilon-1}$ ，$\theta = -1/3$ 是极点值，则有

$$f\left(-\frac{1}{3}\right) = 2^{\upsilon-1}\left(\frac{1}{3}\right)^{\upsilon} - 2^{1-\upsilon} + \left(\frac{2}{3}\right)^{\upsilon} = \frac{3}{2}\left(\frac{2}{3}\right)^{\upsilon} - 2^{1-\upsilon} = \left(\frac{2}{3}\right)^{\upsilon-1} - \left(\frac{1}{2}\right)^{\upsilon-1} \geqslant 0, \quad \upsilon \geqslant 1 \tag{4.27}$$

同时， $f(-1) = 2^{\upsilon-1} - 2^{1-\upsilon} = 2^{\upsilon-1} - (1/2)^{\upsilon-1} \geqslant 0, \upsilon \geqslant 1$ 。通过上述分析可知，$f(-1) \geqslant 0$ ，$f(0) \geqslant 0$ ，$f(-1/3) \geqslant 0$ ，即 $f(\theta) \geqslant 0, \theta \in [-1,0]$ 。因此，对于 $|\theta| \leqslant 1$ ，可得

$$-\tilde{y}^{\mathrm{T}}[\tilde{y} + \tilde{z}]^{[\upsilon]} \leqslant -2^{1-\upsilon}\tilde{y}^{\mathrm{T}}[\tilde{y}]^{[\upsilon]} + 2^{\upsilon-1}|\tilde{y}|^{\mathrm{T}}|\tilde{z}|^{\upsilon} \tag{4.28}$$

证毕。

引理 4.4　对于任意 $\tilde{y}, \tilde{z} \in \mathrm{R}^n$ 和 $0 < \mu \leqslant 1$ ，有以下结论成立：

(1) $\|\tilde{y} + \tilde{z}\|_1^{\mu} \leqslant \|\tilde{y}\|_1^{\mu} + \|\tilde{z}\|_1^{\mu}$ 。

(2) 若 $\|\tilde{z}\|_1 \leqslant \|\tilde{y}\|_1$ ，则 $-\tilde{y}^{\mathrm{T}}[\tilde{y} + \tilde{z}]^{[\mu]} \leqslant -\tilde{y}^{\mathrm{T}}[\tilde{y}]^{[\mu]} + |\tilde{y}|^{\mathrm{T}}|\tilde{z}|^{\mu}$ 。

证明： 该证明与文献[66]和引理 4.3 中的证明类似，在此省略证明过程。

引理 4.5[61]　如果 $\xi_1, \xi_2, \cdots, \xi_n \geqslant 0$ ，那么

$$\begin{cases} \left(\displaystyle\sum_{i=1}^{n} \xi_i\right)^{\mu} \leqslant \left(\displaystyle\sum_{i=1}^{n} \xi_i^{\mu}\right) \leqslant n^{1-\mu}\left(\displaystyle\sum_{i=1}^{n} \xi_i\right)^{\mu}, & 0 < \mu < 1 \\[4mm] n^{1-\upsilon}\left(\displaystyle\sum_{i=1}^{n} \xi_i\right)^{\upsilon} \leqslant \left(\displaystyle\sum_{i=1}^{n} \xi_i^{\upsilon}\right) \leqslant \left(\displaystyle\sum_{i=1}^{n} \xi_i\right)^{\upsilon}, & \upsilon \geqslant 1 \end{cases} \tag{4.29}$$

证明： 该结论可以在文献[61]中找到，在此省略证明过程。

引理 4.6[63]（杨氏不等式）　对于非负实数 a 和 b，若 p 和 q 是实数，满足 $p > 1$，$\dfrac{1}{p} + \dfrac{1}{q} = 1$，则 $ab \leqslant \dfrac{a^p}{p} + \dfrac{b^q}{q}$。

4.1.2　问题描述

假设系统由 N 个自主式智能体组成，将智能体标记为 1 到 N。第 i 个智能体的动力学描述为

$$\dot{x}_i(t) = u_i(t - h_i) + d_i(t), \quad i = 1, 2, \cdots, N \tag{4.30}$$

式中，$x_i \in \mathrm{R}^n$ 为智能体 i 的状态；$u_i \in \mathrm{R}^n$ 为智能体 i 的控制输入，该控制输入基于第 i 个智能体从相邻智能体接收到的状态信息进行设计；$d_i \in \mathrm{R}^n$ 为外部干扰；h_i 为延迟时间常数。

定义 $F(t) = [F_1^{\mathrm{T}}(t), F_2^{\mathrm{T}}(t), \cdots, F_N^{\mathrm{T}}(t)]^{\mathrm{T}}$ 为时变的编队向量，若针对任何初始状态，存在控制器 $u_i(t)$，对于所有 $i, j \in N$ 满足

$$\begin{cases} \lim\limits_{t \to T} \left\| (x_i(t) - F_i(t)) - (x_j(t) - F_j(t)) \right\|_1 \leqslant c \\ \left\| (x_i(t) - F_i(t)) - (x_j(t) - F_j(t)) \right\|_1 \leqslant c, \quad t \geqslant T \\ \lim\limits_{t \to \infty} \left\| (x_i(t) - F_i(t)) - (x_j(t) - F_j(t)) \right\|_1 = 0 \end{cases} \tag{4.31}$$

则多智能体系统 (4.30) 满足实际固定时间时变编队，其中稳定时间 T 与初始状态无关，且可通过调整参数 $c > 0$ 来获得期望的构型。

假设 4.1　假设时变编队向量 $F_i(t) \in \mathrm{R}^n$，$i = 1, 2, \cdots, N$ 是有界的，且连续可微，满足 $\|F_i(t)\|_1 \leqslant \rho_0$，$\|\dot{F}_i(t)\|_1 \leqslant \rho_1$，其中 ρ_0，ρ_1 为正数。

假设 4.2　假设扰动 $d_i(t)$ 是有界的，即 $\|d_i(t)\|_1 \leqslant D$，其中 D 是一个正数。

4.2　基于事件触发的多智能体系统固定时间编队控制

4.2.1　固定时间事件触发编队控制器设计

本章的研究目的是设计一种固定时间事件触发控制器，在有输入延迟和不确定干扰的条件下，实现多智能体系统 (4.30) 的时变编队，引入一个新的状态 $\gamma_i(t)$ 来预测 $t + h_i$ 时刻的状态 x_i，其表达式为

$$\gamma_i(t) = x_i(t) + \int_t^{t+h_i} u_i(\tau - h_i)\mathrm{d}\tau \tag{4.32}$$

定义 $y(t) = [y_1^{\mathrm{T}}(t), y_2^{\mathrm{T}}(t), \cdots, y_N^{\mathrm{T}}(t)]^{\mathrm{T}}$，$y_i(t)$ 的表达式为

$$y_i(t) = x_i(t) + \int_t^{t+h_i} u_i(\tau - h_i)\mathrm{d}\tau - F_i(t) \tag{4.33}$$

则 $y_i(t)$ 对时间 t 的导数表示为

$$\dot{y}_i(t) = u_i(t) + d_i(t) - \dot{F}_i(t) \tag{4.34}$$

为设计分布式事件触发控制器，实现多智能体系统(4.30)固定时间编队问题，定义第 i 个智能体的测量误差为

$$e_i(t) = y_i(t_k^i) - y_i(t), \quad t \in [t_k^i, t_{k+1}^i) \tag{4.35}$$

式中，$i = 1,2,\cdots,N$；$k = 0,1,2,\cdots$；t_k^i 为 $y_i(t)$ 的采样时刻。

定义智能体 i 的事件触发条件为

$$\|e_i(t)\|_1 \leqslant \sigma_i \|\hat{y}_i(t)\|_1 \tag{4.36}$$

式中，$\hat{y}_i(t) = (L_i \otimes I_n)y(t)$ 为 $\hat{y}(t) = (L \otimes I_n)y(t)$ 的第 i 个元素，L_i 为矩阵的第 i 行；σ_i 为事件驱动的阈值。此时，采样时间 t_{k+1}^i 为

$$t_{k+1}^i = \inf\left(t > t_k^i \mid \|e_i(t)\|_1 > \sigma_i \|\hat{y}_i(t)\|_1\right) \tag{4.37}$$

$\hat{y}_i(t)$ 的具体表达式为

$$\hat{y}_i(t) = \sum_{j=1}^N a_{ij}(y_i(t) - y_j(t)) \tag{4.38}$$

则多智能体动态系统式(4.34)的固定时间事件触发编队控制器设计为

$$u_i(t) = -a[\hat{y}_i(t_k^i)]^{[\mu]} - b[\hat{y}_i(t_k^i)]^{[\upsilon]} - k\mathrm{sgn}(\hat{y}_i(t_k^i)) \tag{4.39}$$

式中，$t \in [t_k^i, t_{k+1}^i)$；t_k^i 为触发时刻；$a,b > 0$；$k > D + \rho_1$ 为确定的增益系数；μ 和 υ 满足 $0 < \mu < 1$ 和 $\upsilon > 1$；$\mathrm{sgn}(\hat{y}_i(t_k^i)) = [\mathrm{sgn}(\hat{y}_{i1}(t_k^i)), \mathrm{sgn}(\hat{y}_{i2}(t_k^i)), \cdots, \mathrm{sgn}(\hat{y}_{in}(t_k^i))]^{\mathrm{T}}$。

根据事件触发方案，当触发发生时，即条件 $\|e_i(t)\|_1 \leqslant \sigma_i \|\hat{y}_i(t)\|_1$ 不成立，式(4.39)中的控制器在其自身的事件时间 $t_{i0}, t_{i1}, \cdots$ 更新。根据量测误差 $e_i(t)$ 的

定义，可得 $y_i(t_k^i) = e_i(t) + y_i(t)$，　$y_j(t_k^i) = e_j(t) + y_j(t)$，　$t \in [t_k^i, t_{k+1}^i)$。$\hat{e}_i(t) = (L_i \otimes I_n)e(t)$ 表示第 i 个 $\hat{e}(t) = (L \otimes I_n)e(t)$ 的元素。此时第 i 个智能体的固定时间事件触发编队控制器可重写为

$$u_i(t) = -a\left[\hat{y}_i(t) + \hat{e}_i(t)\right]^{[\mu]} - b\left[\hat{y}_i(t) + \hat{e}_i(t)\right]^{[\upsilon]} - k\,\mathrm{sgn}(\hat{y}_i(t) + \hat{e}_i(t)) \tag{4.40}$$

4.2.2　稳定性分析

定理 4.1 给出了事件触发控制器 (4.40) 保证多智能体系统 (4.34) 在固定时间内完成时变编队控制。

定理 4.1　考虑多智能体动态系统 (4.34)，假设无向固定通信拓扑是连通的，事件触发控制器 (4.40) 由触发条件 (4.36) 触发。常数 μ 和 υ 的形式为 $\mu = 1 - 1/2\gamma$，$\upsilon = 1 + 1/2\gamma$，$\gamma > 1$。事件触发阈值 σ_i 的最大值 $\sigma_{\max} = \max\{\sigma_i\}$ 满足

$$0 < \sigma_{\max} < \min\left(\sqrt{\frac{\lambda_2}{\lambda_N^3 N^{\frac{1-\mu}{1+\mu}}}},\ \sqrt{\frac{\lambda_2 \left[4^{1-\upsilon}\left(1+\dfrac{1}{\upsilon}\right) - \dfrac{1}{\upsilon} \right]^{\frac{2}{1+\upsilon}}}{\lambda_N^3 N^{\frac{\upsilon-1}{\upsilon+1}}}} \right) \tag{4.41}$$

在事件触发控制器 (4.40) 下，能够保证固定时间内完成实际的编队构型。固定时间上界为

$$T_{\max} = \frac{\pi\gamma}{\lambda_2 \sqrt{\varepsilon_0 \hat{a}\hat{b}}} \tag{4.42}$$

式中

$$\hat{b} = b\left[\left(2^{1-\upsilon} - \frac{2^{\upsilon-1}}{1+\upsilon}\right) N^{\frac{1-\upsilon}{2}} - 2^{\upsilon-1}\frac{\upsilon}{1+\upsilon}\left(\frac{\lambda_N^3 \sigma_{\max}^2}{\lambda_2}\right)^{\frac{1+\upsilon}{2}} \right]$$

$$\hat{a} = a\frac{\mu}{1+\mu}\left[1 - N^{\frac{1-\mu}{2}}\left(\frac{\lambda_N^3 \sigma_{\max}^2}{\lambda_2}\right)^{\frac{1+\mu}{2}} \right]$$

并且 $0 < \varepsilon_0 < 1$；$a, b > 0$；λ_2 和 λ_N 分别为拉普拉斯矩阵 L 的最小非零特征根和最大特征根；N 为智能体的个数。由于 $\gamma > 1$，因此 $\mu = (1 - 1/2\gamma) \in (0.5, 1)$，$\upsilon = (1 + 1/2\gamma) \in (1, 1.5)$，$\hat{a}$ 和 $\hat{b}$ 为正数。

证明：令 $y(t) = [y_1^{\mathrm{T}}(t), y_2^{\mathrm{T}}(t), \cdots, y_N^{\mathrm{T}}(t)]^{\mathrm{T}}$，构造 Lyapunov 能量函数为

$$V(y(t)) = \frac{1}{2} y^{\mathrm{T}}(t)(L \otimes I_n) y(t) \tag{4.43}$$

由于 L 是半正定的，因此可得不等式的关系为

$$2\lambda_2 V(y(t)) \leqslant \sum_{i=1}^{N} \hat{y}_i^{\mathrm{T}}(t)\hat{y}_i(t) = y^{\mathrm{T}}(t)(L \otimes I_n)^{\mathrm{T}}(L \otimes I_n)y(t) \leqslant 2\lambda_N V(y(t)) \tag{4.44}$$

$V(y(t))$ 关于 $y(t)$ 的 Dini 导数满足

$$D^+ V(y(t)) = y^{\mathrm{T}}(t)(L \otimes I_n)\dot{y}(t) = \sum_{i=1}^{N} \hat{y}_i^{\mathrm{T}}(t)\dot{y}_i(t) \tag{4.45}$$

将事件触发控制器 (4.40) 代入式 (4.45)，可得

$$\begin{aligned}
D^+ V(y(t)) &= \sum_{i=1}^{N} \hat{y}_i^{\mathrm{T}}(t)(u_i(t) + d_i(t) - \dot{F}(t)) \\
&= -a\sum_{i=1}^{N} \hat{y}_i^{\mathrm{T}}(t)\left[\hat{y}_i(t) + \hat{e}_i(t)\right]^{[\mu]} - b\sum_{i=1}^{N} \hat{y}_i^{\mathrm{T}}(t)\left[\hat{y}_i(t) + \hat{e}_i(t)\right]^{[\upsilon]} \\
&\quad -k\sum_{i=1}^{N} \hat{y}_i^{\mathrm{T}}(t)\mathrm{sgn}(\hat{y}_i(t) + \hat{e}_i(t)) + \sum_{i=1}^{N} \hat{y}_i^{\mathrm{T}}(t)(d_i(t) - \dot{F}(t))
\end{aligned} \tag{4.46}$$

基于事件触发条件 $\left\| e_i(t) \right\|_1 \leqslant \sigma_i \left\| \hat{y}_i(t) \right\|_1$，$i = 1, 2, \cdots, N$，当触发阈值满足不等式 (4.41) 时，基于等式关系 $\sum_{i=1}^{N} \left| \hat{e}_i(t) \right|^2 = \sum_{i=1}^{N} e^{\mathrm{T}} L_i^{\mathrm{T}} L_i e = e^{\mathrm{T}} L^{\mathrm{T}} L e$ 可得

$$\sum_{i=1}^{N} \left| \hat{e}_i(t) \right|^2 \leqslant \lambda_N^2 \sum_{i=1}^{N} \left| e_i(t) \right|^2 \leqslant \lambda_N^2 \sigma_{\max}^2 \sum_{i=1}^{N} \left| \hat{y}_i(t) \right|^2 \tag{4.47}$$

根据引理 4.4，有如下不等式关系成立，即

$$-a\sum_{i=1}^{N} \hat{y}_i^{\mathrm{T}}(t)\left[\hat{y}_i(t) + \hat{e}_i(t)\right]^{[\mu]} \leqslant -a\sum_{i=1}^{N} \hat{y}_i^{\mathrm{T}}(t)\left[\hat{y}_i(t)\right]^{[\mu]} + a\sum_{i=1}^{N} \left| \hat{y}_i(t) \right|^{\mathrm{T}} \left| \hat{e}_i(t) \right|^{\mu} \tag{4.48}$$

利用引理 4.6 的杨氏不等式和引理 4.4，处理不等式(4.48)的第二项，有

$$a\sum_{i=1}^{N}|\hat{y}_i(t)^{\mathrm{T}}|\hat{e}_i(t)|^{\mu} \leqslant a\sum_{i=1}^{N}\left(\frac{1}{1+\mu}|\hat{y}_i(t)|^{1+\mu}+\frac{\mu}{1+\mu}|\hat{e}_i(t)|^{1+\mu}\right) \tag{4.49}$$

则不等式(4.48)可重新写为

$$-a\sum_{i=1}^{N}\hat{y}_i^{\mathrm{T}}(t)\left[\hat{y}_i(t)+\hat{e}_i(t)\right]^{[\mu]} \leqslant -a\frac{\mu}{1+\mu}\sum_{i=1}^{N}|\hat{y}_i(t)|^{1+\mu}+a\frac{\mu}{1+\mu}\sum_{i=1}^{N}|\hat{e}_i(t)|^{1+\mu} \tag{4.50}$$

基于式(4.47)和引理 4.5，可得

$$-a\sum_{i=1}^{N}\hat{y}_i^{\mathrm{T}}(t)\left[\hat{y}_i(t)+\hat{e}_i(t)\right]^{[\mu]} \leqslant -a\frac{\mu}{1+\mu}(2\lambda_2)^{\frac{1+\mu}{2}}\left[1-N^{\frac{1-\mu}{2}}\left(\frac{\lambda_N^3\sigma_{\max}^2}{\lambda_2}\right)^{\frac{1+\mu}{2}}\right](V(y(t)))^{\frac{1+\mu}{2}} \tag{4.51}$$

基于引理 4.3，可得

$$-b\sum_{i=1}^{N}\hat{y}_i^{\mathrm{T}}(t)\left[\hat{y}_i(t)+\hat{e}_i(t)\right]^{[\upsilon]} \leqslant -2^{1-\upsilon}b\sum_{i=1}^{N}\hat{y}_i^{\mathrm{T}}(t)\left[\hat{y}_i(t)\right]^{[\upsilon]}+2^{\upsilon-1}b\sum_{i=1}^{N}|\hat{y}_i(t)|^{\mathrm{T}}|\hat{e}_i(t)|^{\upsilon} \tag{4.52}$$

同式(4.48)～式(4.51)的放缩分析，基于引理 4.6 的杨氏不等式和引理 4.5，可得

$$-b\sum_{i=1}^{N}\hat{y}_i^{\mathrm{T}}(t)\left[\hat{y}_i(t)+\hat{e}_i(t)\right]^{[\upsilon]} \leqslant -2^{1-\upsilon}b\sum_{i=1}^{N}|\hat{y}_i(t)|^{\upsilon+1}+2^{\upsilon-1}b\sum_{i=1}^{N}\left(\frac{1}{1+\upsilon}|\hat{y}_i(t)|^{\upsilon+1}+\frac{\upsilon}{1+\upsilon}|\hat{e}_i(t)|^{\upsilon+1}\right)$$

$$\leqslant -b\left(2^{1-\upsilon}-\frac{2^{\upsilon-1}}{1+\upsilon}\right)\sum_{i=1}^{N}|\hat{y}_i(t)|^{\upsilon+1}+2^{\upsilon-1}b\frac{\upsilon}{1+\upsilon}\sum_{i=1}^{N}|\hat{e}_i(t)|^{\upsilon+1} \tag{4.53}$$

基于式(4.47)和引理 4.5，可得

$$-b\sum_{i=1}^{N}\hat{y}_i^{\mathrm{T}}(t)\left[\hat{y}_i(t)+\hat{e}_i(t)\right]^{[\upsilon]} \leqslant -b(2\lambda_2)^{\frac{1+\upsilon}{2}}\left[\left(2^{1-\upsilon}-\frac{2^{\upsilon-1}}{1+\upsilon}\right)N^{\frac{1-\upsilon}{2}}\right.$$

$$\left. -2^{\upsilon-1}\frac{\upsilon}{1+\upsilon}\left(\frac{\lambda_N^3\sigma_{\max}^2}{\lambda_2}\right)^{\frac{1+\upsilon}{2}}\right]\cdot(V(y(t)))^{\frac{1+\upsilon}{2}} \tag{4.54}$$

记 $\hat{b}$ 和 $\hat{a}$ 为

$$
\hat{b} = b \left[\left(2^{1-\upsilon} - \frac{2^{\upsilon-1}}{1+\upsilon} \right) N^{\frac{1-\upsilon}{2}} - 2^{\upsilon-1} \frac{\upsilon}{1+\upsilon} \left(\frac{\lambda_N^3 \sigma_{\max}^2}{\lambda_2} \right)^{\frac{1+\upsilon}{2}} \right]
$$

$$
\hat{a} = a \frac{\mu}{1+\mu} \left[1 - N^{\frac{1-\mu}{2}} \left(\frac{\lambda_N^3 \sigma_{\max}^2}{\lambda_2} \right)^{\frac{1+\mu}{2}} \right]
$$

基于定理 4.1，式 (4.46) 中 $V(y(t))$ 对状态 $y(t)$ 的 Dini 导数满足

$$
\begin{aligned}
D^+ V(y(t)) &\leqslant -\hat{a}(2\lambda_2)^{\frac{1+\mu}{2}} (V(y(t)))^{\frac{1+\mu}{2}} - \hat{b}(2\lambda_2)^{\frac{1+\upsilon}{2}} (V(y(t)))^{\frac{1+\upsilon}{2}} \\
&\quad + \sum_{i=1}^{N} \hat{y}_i^{\mathrm{T}}(t)(d_i(t) - \dot{F}(t)) - k \sum_{i=1}^{N} \hat{y}_i^{\mathrm{T}}(t)\mathrm{sgn}(\hat{y}_i(t_k^i))
\end{aligned}
\tag{4.55}
$$

式中，$t \in [t_k^i, t_{k+1}^i)$。由式 (4.55) 可以看出，$\hat{y}_i(t)$ 的符号在其状态轨迹达到 $\hat{y}_i(t) = 0$ 之前不发生改变，此时有 $\mathrm{sgn}(\hat{y}_i(t_k^i)) = \mathrm{sgn}(\hat{y}_i(t))$ 成立。式 (4.55) 可重新写为

$$
D^+ V(y(t)) \leqslant -\hat{a}(2\lambda_2)^{\frac{1+\mu}{2}} (V(y(t)))^{\frac{1+\mu}{2}} - \hat{b}(2\lambda_2)^{\frac{1+\upsilon}{2}} (V(y(t)))^{\frac{1+\upsilon}{2}}
\tag{4.56}
$$

因此，只要满足 $\mathrm{sgn}(\hat{y}_i(t_k^i)) = \mathrm{sgn}(\hat{y}_i(t))$，状态轨迹就可以在固定时间内收敛到 $\hat{y}_i(t) = 0$。然而，当系统轨迹达到 $\hat{y}_i(t) = 0$ 时，它可能会在时间间隔 $[t_k^i, t_{k+1}^i)$ 内穿越 $\hat{y}_i(t) = 0$，不能始终保证 $\mathrm{sgn}(\hat{y}_i(t_k^i)) = \mathrm{sgn}(\hat{y}_i(t))$，此时式 (4.56) 可处理为

$$
\begin{aligned}
&-k \sum_{i=1}^{N} \hat{y}_i^{\mathrm{T}}(t)\mathrm{sgn}(\hat{y}_i(t_k^i)) + \sum_{i=1}^{N} \hat{y}_i^{\mathrm{T}}(t)(d_i(t) - \dot{F}(t)) \\
&= -k \sum_{i=1}^{N} (\hat{y}_i^{\mathrm{T}}(t) + \hat{e}_i^{\mathrm{T}}(t) - \hat{e}_i^{\mathrm{T}}(t))\mathrm{sgn}(\hat{y}_i(t) + \hat{e}_i(t)) + \sum_{i=1}^{N} \hat{y}_i^{\mathrm{T}}(t)(d_i(t) - \dot{F}(t)) \\
&= -k \sum_{i=1}^{N} (\hat{y}_i^{\mathrm{T}}(t) + \hat{e}_i^{\mathrm{T}}(t))\mathrm{sgn}(\hat{y}_i(t) + \hat{e}_i(t)) + k \sum_{i=1}^{N} \hat{e}_i^{\mathrm{T}}(t)\mathrm{sgn}(\hat{y}_i(t) + \hat{e}_i(t)) \\
&\quad + \sum_{i=1}^{N} \hat{y}_i^{\mathrm{T}}(t)(d_i(t) - \dot{F}(t)) \\
&\leqslant -k \left\| \hat{y}(t) + \hat{e}(t) \right\|_1 + k \left\| \hat{e}(t) \right\|_1 + k \left\| \hat{y}(t) \right\|_1 \leqslant 2k \left\| \hat{e}(t) \right\|_1
\end{aligned}
\tag{4.57}
$$

根据 (4.36)，有 $\|e(t)\|_1 \leqslant \sigma_{\max}\|\hat{y}(t)\|_1$，由于量测误差 $e_i(t) = y_i(t_k^i) - y_i(t)$，$t \in [t_k^i, t_{k+1}^i)$ 可以在任意时间 t 时被监测。令 $E_{ik} = \max\{\|e_i(t)\|_1 : t > t_k^i, e_i \neq 0\}$。此时，式 (4.57) 中的 Dini 导数可表示为

$$D^+V(y(t)) \leqslant -\hat{a}(2\lambda_2)^{\frac{1+\mu}{2}}(V(y(t)))^{\frac{1+\mu}{2}} - \hat{b}(2\lambda_2)^{\frac{1+\upsilon}{2}}(V(y(t)))^{\frac{1+\upsilon}{2}} + 2\lambda_N kNE_{ik} \quad (4.58)$$

基于引理 4.1 和引理 4.2，将 $\mu = 1 - 1/2\gamma$、$\upsilon = 1 + 1/2\gamma$、$\gamma > 1$ 代入式 (4.46)，$y(t)$ 的轨迹趋于固定时间稳定。此外，记 $\eta = 2\lambda_N kNE_{ik}$，则轨迹收敛的残差集为

$$\left\{ \lim_{\substack{t \to T_s(y_0) \\ \varepsilon \to \varepsilon_0}} y \mid V(y) \leqslant \min\left(\frac{1}{2\lambda_2}\left[\frac{\eta}{\hat{a}(1-\varepsilon)}\right]^{\frac{1}{1-\frac{1}{4\gamma}}}, \frac{1}{2\lambda_2}\left[\frac{\eta}{\hat{b}(1-\varepsilon)}\right]^{\frac{1}{1+\frac{1}{4\gamma}}} \right) \right\} \quad (4.59)$$

式中，$0 < \varepsilon \leqslant 1$；$0 < \varepsilon_0 < 1$。此外，到达式 (4.59) 残差集的稳定时间上界为

$$T_s(y_0) \leqslant T_{\max} := \frac{\pi\gamma}{\lambda_2\sqrt{\varepsilon_0\hat{a}\hat{b}}}, \quad y_0 \in \mathbf{R}^n \quad (4.60)$$

定理 4.1 得证。

根据拉普拉斯矩阵的性质，将 $\lim_{t \to T(y)}(y_i(t) - y_j(t))$ 用不等式 (4.59) 表示为有界残差集，这意味着控制输入 $u_i(t)$ 趋向于一个常值，并且当 $t = T_s(y_0) \leqslant \dfrac{\pi\gamma}{\lambda_2\sqrt{\varepsilon_0\hat{a}\hat{b}}} + h_i$ 时，$x_i(t) - F_i(t) = y_i(t) - \displaystyle\int_t^{t+h_i} u_i(\tau - h_i)\mathrm{d}\tau$ 趋向于一个常值。因此，当 $t = \dfrac{\pi\gamma}{\lambda_2\sqrt{\varepsilon_0\hat{a}\hat{b}}} + \max(h_i)$ 时，$\lim_{t \to T_s(x_0)}(x(t) - F(t))$ 收敛到一个有界残差集。因此，基于事件触发的固定时间控制器 (4.39) 可以实现实际的固定时间时变编队构型，且收敛稳定时间 $T_s(x_0)$ 的上界为 $T_s(x_0) \leqslant T_{\max} + \max(h_i)$。

注 4.2　稳定时间 $T_s(x_0)$ 仅由控制增益 a、b、γ，拉普拉斯矩阵 L，智能体个数 N 和时延常数 h_i 决定，与智能体的初始状态无关。

注 4.3　在定理 4.1 中，条件 (4.41) 给出了不等式关系 $0 < 1 - N^{\frac{1-\mu}{2}}\left(\dfrac{\lambda_N^3\sigma_{\max}^2}{\lambda_2}\right)^{\frac{1+\mu}{2}} < 1$，且 $0 < \left(2^{1-\upsilon} - \dfrac{2^{\upsilon-1}}{1+\upsilon}\right)N^{\frac{1-\upsilon}{2}} - 2^{\upsilon-1}\dfrac{\upsilon}{1+\upsilon}\left(\dfrac{\lambda_N^3\sigma_{\max}^2}{\lambda_2}\right)^{\frac{1+\upsilon}{2}} < 1$，

可得 $0 < \hat{a} < a$ 和 $0 < \hat{b} < b$。即，当 σ_i 减小到足够接近于零时，事件触发控制器的时间估计(4.42)也会减少到 $\dfrac{\pi\gamma}{\lambda_2\sqrt{ab}}$ 的邻域附近。令 $\sigma_i = 0$，则(4.46)中的等式变为

$$D^+V(y(t)) = -a\sum_{i=1}^{N}\hat{y}_i^{\mathrm{T}}(t)\big[\hat{y}_i(t)\big]^{[\mu]} - b\sum_{i=1}^{N}\hat{y}_i^{\mathrm{T}}(t)\big[\hat{y}_i(t)\big]^{[\upsilon]}$$
$$- k\sum_{i=1}^{N}\hat{y}_i^{\mathrm{T}}(t)\mathrm{sgn}(\hat{y}_i(t)) + \sum_{i=1}^{N}\hat{y}_i^{\mathrm{T}}(t)(d_i(t) - \dot{F}(t))$$

对于 $k > D + \rho_1$，稳定时间可以描述为 $T_{\max} = \pi\gamma / (\lambda_2\sqrt{ab})$，而事件触发控制器(4.39)的稳定时间 $T_{\max} = \pi\gamma / (\lambda_2\sqrt{\varepsilon_0\hat{a}\hat{b}}) \geq (\pi\gamma / \lambda_2\sqrt{ab})$ 更长。因此，定理 4.1 的结果证明，事件触发控制器(4.39)的优点是减少了控制器的更新次数，但设计参数的选择应在稳定时间和触发条件之间进行折中。

下面证明事件触发控制器(4.39)无连续触发，即 Zeno 现象不存在。

定理 4.2　考虑多智能体系统(4.34)，基于事件触发控制器(4.39)，触发条件为(4.36)，则在时间间隔 $[0, T_s(x_0))$ 内不发生连续的触发，即不发生 Zeno 现象，且事件触发的时间间隔下界为

$$T_i = t_{k+1}^i - t_k^i \geq \frac{1}{\lambda_N c_{ik}}\ln\left(1 + \frac{\lambda_N\sigma_i}{\lambda N}\right) > 0 \tag{4.61}$$

式中，$\lambda \geq 1$，c_{ik} 的表达式为

$$c_{ik} = \left[aN^{1-\frac{\mu}{2}}(1 + \|L\|_1^{\mu}\sigma_{\max}^{\mu})\frac{\sigma_{\max}^{1-\mu}}{E_{ik}^{1-\mu}} + b2^{\upsilon-1}(1 + \|L\|_1^{\upsilon}\sigma_{\max}^{\upsilon})\cdot(2\lambda_N V(y_0))^{\frac{\upsilon-1}{2}} \right.$$
$$\left. + \frac{\sigma_{\max}(kN + Nd + N\rho_1)}{E_{ik}} \right] > 0$$

证明：根据式(4.36)，定义 $\varphi(t) = \|e(t)\|_1 / \|\hat{y}(t)\|_1$，则 $\varphi(t)$ 关于时间的导数为

$$\dot{\varphi}(t) = \frac{\|\dot{e}(t)\|_1\|\hat{y}(t)\|_1 - \|e(t)\|_1\|\dot{\hat{y}}(t)\|_1}{\|\hat{y}(t)\|_1^2} \leq \left(1 + \frac{\|e(t)\|_1\|L\|_1}{\|\hat{y}(t)\|_1}\right)\cdot\frac{\|\dot{\hat{y}}(t)\|_1}{\|\hat{y}(t)\|_1} \tag{4.62}$$

可得

$$\|\dot{y}(t)\|_1 \leqslant \sum_{i=1}^{N}\|\dot{y}_i(t)\|_1 \leqslant a\sum_{i=1}^{N}\|\hat{y}_i(t)+\hat{e}_i(t)\|_1^{\mu} + b\sum_{i=1}^{N}\|\hat{y}_i(t)+\hat{e}_i(t)\|_1^{\upsilon}$$
$$+ \sum_{i=1}^{N}\|k\mathrm{sgn}(\hat{y}_i(t_k^i))\|_1 + \sum_{i=1}^{N}\|d_i(t)\|_1 + \sum_{i=1}^{N}\|\dot{F}(t)\|_1 \tag{4.63}$$

基于引理 4.4 与引理 4.5，可将式 (4.63) 的第一项整理为

$$a\sum_{i=1}^{N}\|\hat{y}_i(t)+\hat{e}_i(t)\|_1^{\mu} \leqslant a\sum_{i=1}^{N}\|\hat{y}_i(t)\|_1^{\mu} + a\sum_{i=1}^{N}\|\hat{e}_i(t)\|_1^{\mu} \leqslant aN^{1-\frac{\mu}{2}}(\|\hat{y}(t)\|_1^{\mu} + \|Le(t)\|_1^{\mu}) \tag{4.64}$$

同理，基于引理 4.3 与引理 4.5，可将式 (4.63) 的第二项整理为

$$b\sum_{i=1}^{N}\|\hat{y}_i(t)+\hat{e}_i(t)\|_1^{\upsilon} \leqslant b\cdot 2^{\upsilon-1}(\|\hat{y}(t)\|_1^{\upsilon} + \|Le(t)\|_1^{\upsilon}) \tag{4.65}$$

因此，不等式 (4.63) 可写为

$$\|\dot{y}(t)\|_1 \leqslant aN^{1-\frac{\mu}{2}}(\|\hat{y}(t)\|_1^{\mu} + \|Le(t)\|_1^{\mu}) + b\cdot 2^{\upsilon-1}(\|\hat{y}(t)\|_1^{\upsilon} + \|Le(t)\|_1^{\upsilon}) + N(k+D+\rho_1) \tag{4.66}$$

将式 (4.66) 代入式 (4.62)，可得

$$\dot{\varphi}(t) \leqslant \left(1+\|L\|_1\frac{\|e(t)\|_1}{\|\hat{y}(t)\|_1}\right)\left[aN^{1-\frac{\mu}{2}}\left(1+\|L\|_1^{\mu}\frac{\|e(t)\|_1^{\mu}}{\|\hat{y}(t)\|_1^{\mu}}\right)\frac{1}{\|\hat{y}(t)\|_1^{1-\mu}}\right.$$
$$\left.+ b\cdot 2^{\upsilon-1}\left(1+\|L\|_1^{\upsilon}\frac{\|e(t)\|_1^{\upsilon}}{\|\hat{y}(t)\|_1^{\upsilon}}\right)\frac{1}{\|\hat{y}(t)\|_1^{1-\upsilon}} + \frac{N(k+D+\rho_1)}{\|\hat{y}(t)\|_1}\right] \tag{4.67}$$

根据事件触发条件 (4.36)，可以将不等式 (4.67) 重写为

$$\dot{\varphi}(t) \leqslant \left(1+\|L\|_1\frac{\|e(t)\|_1}{\|\hat{y}(t)\|_1}\right)\left[aN^{1-\frac{\mu}{2}}(1+\|L\|_1^{\mu}\sigma_{\max}^{\mu})\frac{1}{\|\hat{y}(t)\|_1^{1-\mu}}\right.$$
$$\left.+ b2^{\upsilon-1}(1+\|L\|_1^{\upsilon}\sigma_{\max}^{\upsilon})\frac{1}{\|\hat{y}(t)\|_2^{1-\upsilon}} + \frac{N(k+D+\rho_1)}{\|\hat{y}(t)\|_1}\right] \tag{4.68}$$

由定理 4.1 的证明可得

$$\dot{\varphi}(t) \leqslant \left(1+\|L\|_1 \frac{\|e(t)\|_1}{\|\hat{y}(t)\|_1}\right)\left[aN^{1-\frac{\mu}{2}}(1+\|L\|_1^{\mu}\sigma_{\max}^{\mu})\frac{\sigma_{\max}^{1-\mu}}{E_{ik}^{1-\mu}}\right.$$
$$\left.+b2^{\upsilon-1}(1+\|L\|_1^{\upsilon}\sigma_{\max}^{\upsilon})(2\lambda_N V(y(0)))^{\frac{\upsilon-1}{2}}+\frac{\sigma_{\max}N(k+D+\rho_1)}{E_{ik}}\right]$$

(4.69)

不等式 (4.69) 满足 $(\|e(t)\|_1 / \|\hat{y}(t)\|_1) \leqslant \varphi(t)$，其中 $\varphi(t)$ 满足如下微分方程，即

$$\dot{\varphi}(t) \leqslant c_{ik}(1+\|L\|_1 \varphi(t)), \quad t \in [t_k^i, t_{k+1}^i) \tag{4.70}$$

根据初始条件 $\varphi(t_k^i) = 0$ 求解微分方程 (4.70)，可得

$$\varphi(t) = \frac{1}{\|L\|_1}\left[e^{c_{ik}\|L\|_1(t-t_k^i)} - 1\right], \quad t \in [t_k^i, t_{k+1}^i) \tag{4.71}$$

令 $\varphi_i(t) = \|e_i(t)\|_1 / \|\hat{y}_i(t)\|_1$，注意不等式 $\|e_i(t)\|_1 \leqslant \|e(t)\|_1$ 对于任意的 i 存在一个有限标量 $\lambda \geqslant 1$ 使得 $\|\varphi_i(t)\|_1 \leqslant \lambda N\|\varphi(t)\|_1$。因此，在下一个事件触发时刻之前，有如下不等式成立，即

$$\varphi_i(t) \leqslant \lambda N \int_{t_k^i}^{t} \dot{\varphi}(\tau)\mathrm{d}\tau = \lambda N \frac{1}{\|L\|_1}[e^{c_{ik}\|L\|_1(t-t_k^i)} - 1] \tag{4.72}$$

此外，根据事件触发条件 (4.36) 有 $\varphi_i(t) \leqslant \sigma_i$，可以求得事件触发的时间间隔 T_i 满足

$$T_i = t_{k+1}^i - t_k^i \geqslant \frac{1}{\lambda_N c_{ik}}\ln\left(1+\frac{\lambda_N \sigma_i}{\lambda N}\right) \tag{4.73}$$

定理 4.2 得证。

注 4.4　基于式 (4.41)，触发阈值 σ_i 不大于 $\min\{\sqrt{\lambda_2/[\lambda_N^3 N^{(1-\mu)/(1+\mu)}]}$，$\sqrt{\lambda_2[4^{1-\upsilon}(1+1/\upsilon)-1/\upsilon]^{2/(1+\upsilon)}/[\lambda_N^3 N^{(\upsilon-1)/(\upsilon+1)}]}\}$，其中 $\mu = 1-1/2\gamma, \upsilon = 1+1/2\gamma$，$\gamma > 1$，这与智能体的个数 N 成反比，同时，事件触发间隔时间 $T_i = t_{k+1}^i - t_k^i$ 的下界与触发阈值 σ_i 正相关，如式 (4.73) 所示。

注 4.5　由定理 4.1 的证明结果可知，尽管可以通过参数的选择来实现系统的任意快速收敛，但控制器参数的设定应该在收敛速度和能量消耗之间折中选择。

4.3　仿　真　验　证

本节提供仿真示例以验证理论结果。无向通信拓扑图如图 4.1 所示。该系统由式 (4.30) 描述的 5 个智能体组成，$n=2$，$d_i=0.1\sin(i\cdot t), i=1,2,\cdots,5$。时间延迟 $h_i=0.3$，在仿真中，非零邻接矩阵系数取 $a_{ij}=1$，$a=3$，$b=3$，$k=2.5$，设置控制器参数 $\mu=3/4$，$\upsilon=5/4$。根据约束条件 (4.41)，阈值 σ_i 的值满足 $0<\sigma_{\max}<0.153$，选择 $\sigma_1=\sigma_2=\sigma_3=\sigma_4=\sigma_5=0.1$。拉普拉斯矩阵为

$$
L=\begin{bmatrix}
2 & -1 & 0 & 0 & -1 \\
-1 & 2 & -1 & 0 & 0 \\
0 & -1 & 2 & -1 & 0 \\
0 & 0 & -1 & 2 & -1 \\
-1 & 0 & 0 & -1 & 2
\end{bmatrix}
$$

L 的特征值为 $\{0,1.3820,1.3820,3.6180,3.6180\}$，进而可求得 $\lambda_2=1.3820$，$\lambda_N=3.6180$。多智能体系统的时变形式为

$$
F_i(t)=\begin{bmatrix}
4\cos(0.5t+2(i-1)\pi/5) \\
4\sin(0.5t+2(i-1)\pi/5)
\end{bmatrix}
$$

选择多智能体系统的初始状态为 $[-2,\ -1,\ -3,\ -5,\ 0,\ 0,\ 1.5,\ 3,\ 0.6,\ 0.4]$，根据定理 4.1，可以得到 $T_{\max}=12.6301\text{s}$。

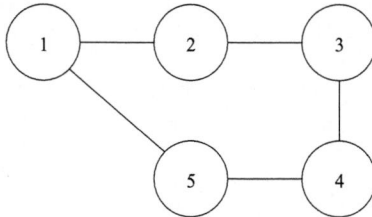

图 4.1　无向通信拓扑图

图 4.2 和图 4.3 为系统状态在事件触发控制器 (4.39) 下的轨迹，可以看出，系统状态 $x_i(t)$ 在 $t=5\text{s}$ 前形成了期望的正弦波，由于存在时间延迟，$x_i(t)$ 一开始不变化。图 4.4 为 5 个智能体分别在 $t=10\text{s}$、$t=15\text{s}$、$t=20\text{s}$ 和 $t=25\text{s}$ 时的相对位置图，这 5 个智能体的状态保持平行的五边形编队，并且五边形的边缘随时间变化。图 4.5 为智能体位置轨迹图，在事件触发控制器 (4.39) 作用下，5

个智能体在初始位置杂乱无章的条件下逐渐形成并保持期望的编队队形。

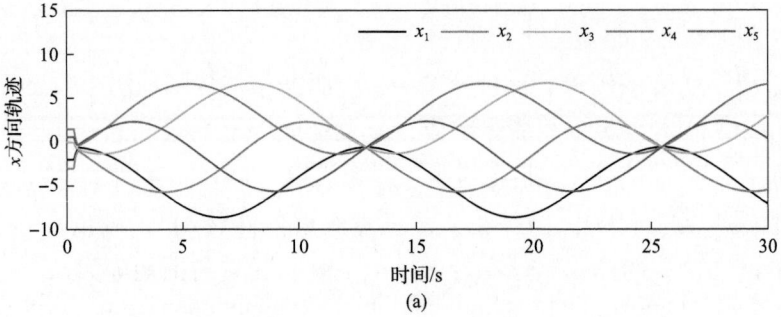

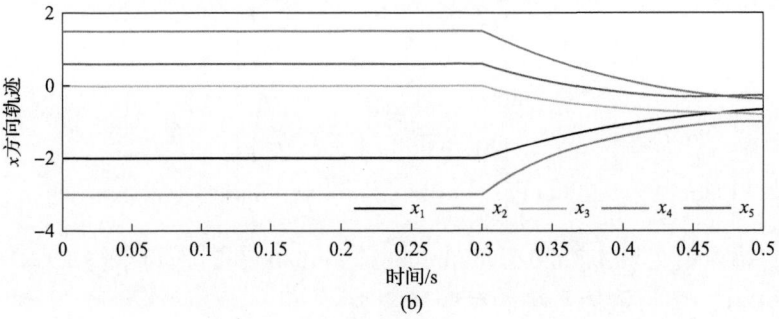

图 4.2　$x_i(t)$ 在事件触发控制器 (4.39) 下的状态轨迹 (x 轴)

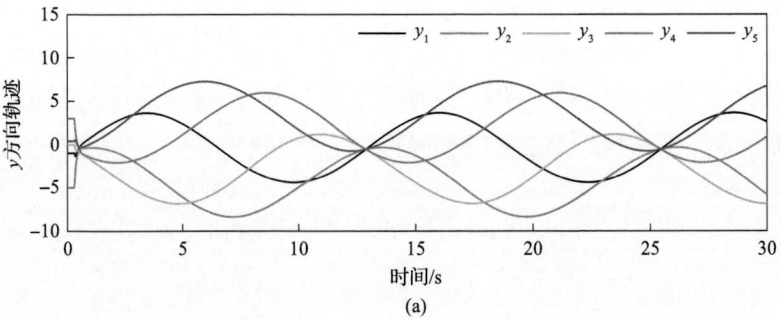

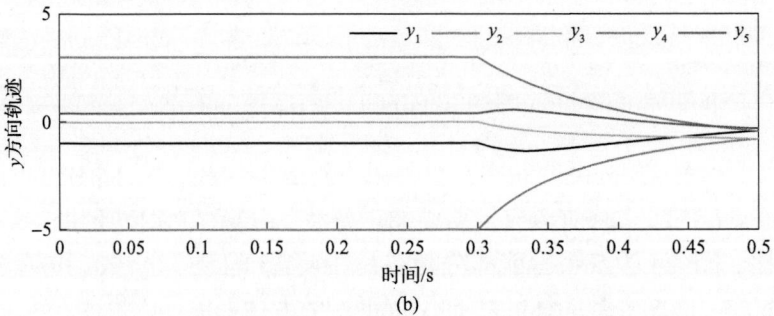

图 4.3　$x_i(t)$ 在事件触发控制器 (4.39) 下的状态轨迹 (y 轴)

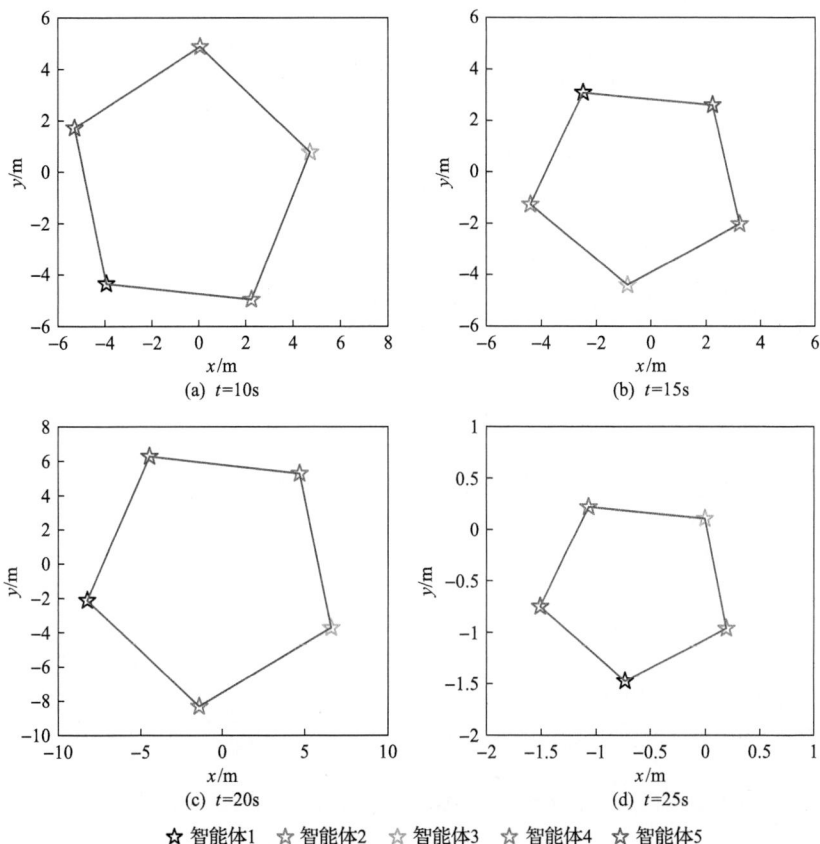

(a) t=10s

(b) t=15s

(c) t=20s

(d) t=25s

☆ 智能体1　☆ 智能体2　☆ 智能体3　☆ 智能体4　☆ 智能体5

图 4.4　智能体在不同时刻的位置图

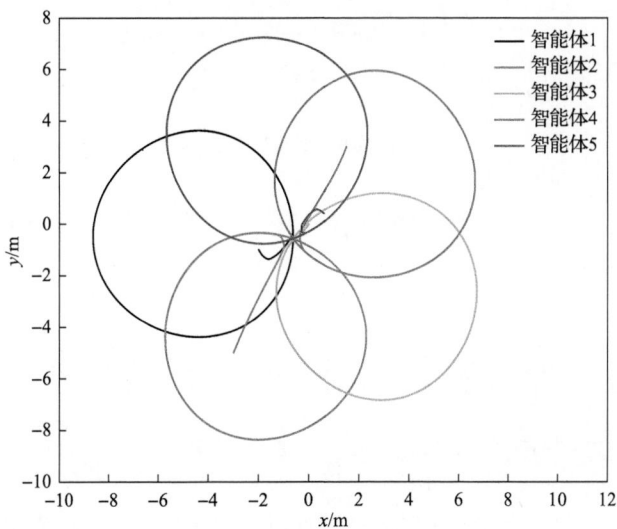

图 4.5　智能体位置轨迹图

　　智能体的控制输入如图 4.6 所示，可以发现控制输入仅在离散事件上瞬间被触发。触发间隔图如图 4.7 所示，可以发现在执行时间内没有 Zeno 现象发生。为了进行比较，给出有限时间控制器为

$$u_i(t) = -a[\hat{y}_i(t_k^i)]^{[\mu]} - k \cdot \text{sgn}(\hat{y}_i(t_k^i))$$

式中，设计参数 a、k 和 μ 不用重新调整。由图 4.8 和图 4.9 可知，有限时间控制器下闭环系统的收敛速度低于固定时间控制器。

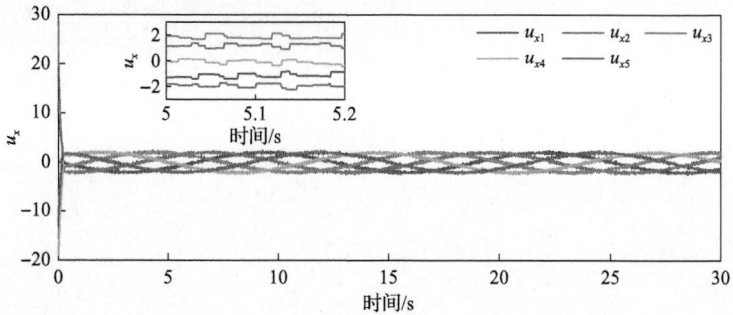

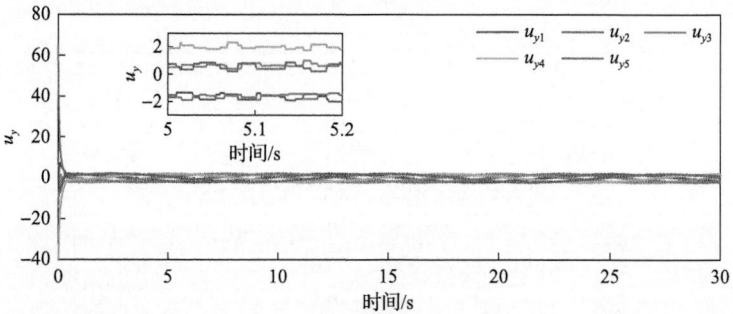

图 4.6　智能体的控制输入

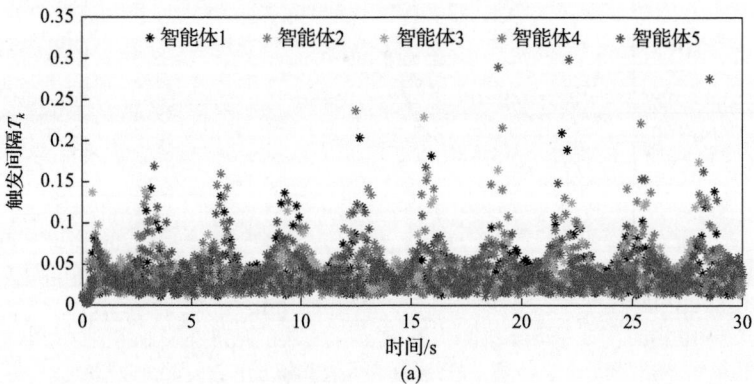

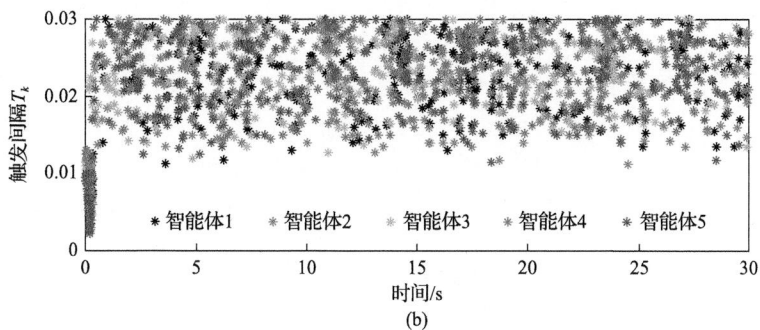

(b)

图 4.7　触发间隔图

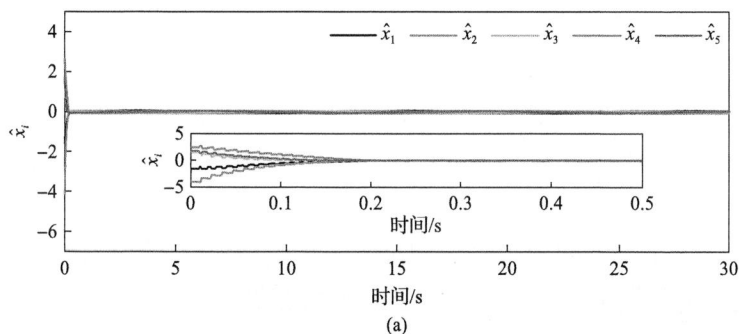

(a)

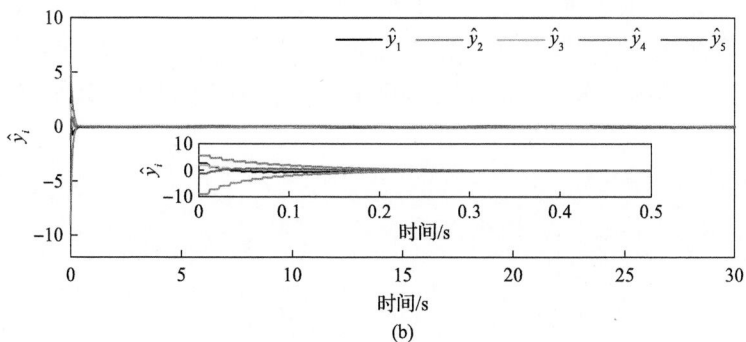

(b)

图 4.8　固定时间控制器下的 $\hat{y}_i(t)$

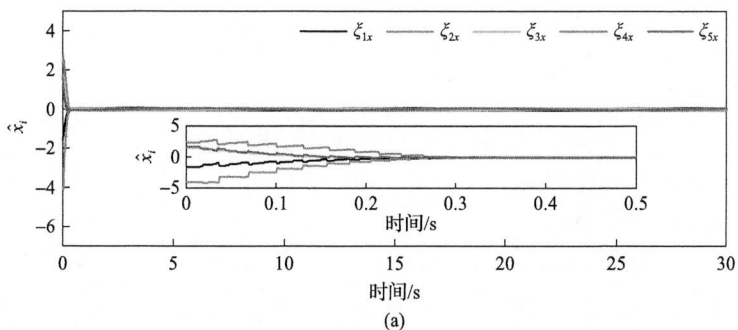

(a)

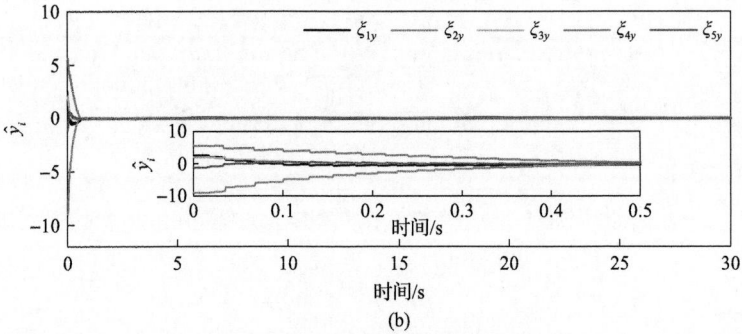

图 4.9　有限时间控制器下的 $\hat{y}_i(t)$

4.4　本 章 小 结

本章研究了具有输入时滞和外部干扰的多智能体系统固定时间时变编队控制问题。针对固定时间编队，设计了一种分布式的固定时间事件触发滑模控制器，基于 Lyapunov 稳定性理论给出了闭环控制系统的稳定性分析。利用滑模控制处理外部干扰，建立了基于状态阈值的触发机制，缩短了执行时间，避免了 Zeno 现象。时变编队的稳定时间上界与初始条件无关，可以离线设计或估计系统的收敛时间。与连续时间滑模控制器相比，事件触发滑模控制方案能够减少控制器更新的次数，仿真实例验证了固定时间事件触发控制策略下可以完成时变编队，且与有限时间事件触发控制器相比，收敛时间更快，验证了控制方法的有效性。

第5章　隐私保护下多智能体系统事件触发编队控制

通常,多智能体网络化系统的一致性要求网络中的智能体与其邻近智能体之间交换各自的状态信息,可能导致智能体状态的隐私泄露。如果信息敏感,会涉及智能体的隐私保护问题,在多智能体动态系统中,隐私保护旨在避免完成分布式任务时泄露智能体的初始状态。本章将以多智能体系统作为研究对象。首先通过构造一个新型的充当掩码的输出函数,使每个智能体的内部状态无法被其他智能体及监视所有通信的外部智能体进行分辨或识别,避免智能体初始状态的泄露;其次设计基于事件触发的滑模隐私保护控制器,减少智能体之间的通信和控制器的更新频率的同时,保证了控制系统的鲁棒性;最后基于Lyapunov稳定理论,对控制系统的稳定性进行严格证明,对 Zeno 现象的避免进行详细分析,并进行数值模拟仿真,验证连续多智能体时变编队过程中事件触发隐私保护算法的有效性。

5.1　掩码算法描述

5.1.1　消失隐私掩码定义

假设函数 $h_i(t, x_i, \pi_i)$ 是局部的,若满足以下条件,则称该函数为第 i 个智能体 x_i 的消失隐私掩码。

(1) $h_i(0, x_i, \pi_i) \neq x_i, \forall x_i \in \mathrm{R}^n, i = 1, 2, \cdots, n$。

(2) $h_i(t, x_i, \pi_i)$ 能够保证 x_i 的初始条件无法被辨识。

(3) $h_i(t, x_i, \pi_i)$ 对任何 $x_i \in \mathrm{R}^n$ 都不会保留其邻居的隐私信息。

(4) $h_i(t, x_i, \pi_i)$ 对固定的 t 和 π_i 关于 $x_i (i = 1, 2, \cdots, n)$ 严格递增。

(5) $\left| h_i(t, x_i, \pi_i) - x_i \right|$ 对固定的 x_i 和 $\pi_i [\pi_i (i = 1, 2, \cdots, n)$ 为参数,在后面介绍中具体给出]关于 t 递减,且 $\lim\limits_{t \to \infty} h_i(t, x_i, \pi_i) = x_i$ 成立。

5.1.2　典型输出掩码函数介绍

以下给出几种典型形式的输出掩码函数。

1)线性掩码

$$h_i(t,x_i,\pi_i) = (1+\phi_i\mathrm{e}^{-\sigma_i t})x_i, \quad \phi_i \geq 0; \sigma_i > 0 \tag{5.1}$$

式中，$\pi_i = \{\phi_i, \sigma_i\}$。

由于 $h_i(0,0,\pi_i) = 0$，不能对原点进行隐私保护，因此这种形式的掩码不是一个适当的隐私掩码。所有这类齐次映射形式的掩码函数都存在此问题。

2)追加掩码

$$h_i(t,x_i,\pi_i) = x_i + \gamma_i\mathrm{e}^{-\delta_i t}, \quad \delta_i > 0; \gamma_i \neq 0 \tag{5.2}$$

式中，$\pi_i = \{\delta_i, \gamma_i\}$。对于不知道 $h_i(t,x_i,\pi_i)$ 结构的智能体来说，这是一个消失隐私掩码，若 $h_i(t,x_i,\pi_i)$ 的结构已知，则假设经过此隐私掩码保护的系统为 $\dot{x}_i(t) = f(y_i(t))$，其中 $y_i(t) = h_i(t,x_i,\pi_i)$，且 $y_i(t)$ 的状态可被其他智能体获取。对 $y_i(t)$ 求导可得 $\dot{y}_i(t) = \dot{x}_i(t) - \delta_i\gamma_i\mathrm{e}^{-\delta_i t} = f(y_i(t)) - \delta_i\gamma_i\mathrm{e}^{-\delta_i t}$，由假设可知 $y_i(0)$、$\dot{y}_i(0)$、$f(y_i(0))$ 是可获取的，因此可求得 $\delta_i\gamma_i$。通过观察指数衰减曲线可估计 δ_i，则 $x_i(0)$ 会暴露，因此式(5.2)不能称为消失隐私掩码。

3)仿射掩码

$$h_i(t,x_i,\pi_i) = k_i(x_i + \gamma_i\mathrm{e}^{-\delta_i t}), \quad k_i > 1; \delta_i > 0; \gamma_i \neq 0 \tag{5.3}$$

式中，$\pi_i = \{k_i, \delta_i, \gamma_i\}$。因 $\lim\limits_{t\to\infty} h_i(t,x_i,\pi_i) = k_i x_i$，故这种形式的掩码并不是消失隐私掩码。

4)消失仿射掩码

$$h_i(t,x_i,\pi_i) = (1+\phi_i\mathrm{e}^{-\sigma_i t})(x_i + \gamma_i\mathrm{e}^{-\delta_i t}), \quad \phi_i, \sigma_i, \delta_i > 0; \gamma_i \neq 0 \tag{5.4}$$

式中，$\pi_i = \{\phi_i, \sigma_i, \delta_i, \gamma_i\}$。此种形式的掩码是消失隐私掩码，满足 $\lim\limits_{t\to\infty} h_i(t,x_i, \pi_i) = x_i$。

5.2　多智能体系统事件触发滑模隐私保护编队控制

5.2.1　连续滑模隐私保护编队控制

考虑干扰条件下的连续多智能体系统的动态方程为

$$\dot{x}_i(t) = u_i(t) + d_i(t), \quad i = 1,2,\cdots,N \tag{5.5}$$

式中，$x_i(t) \in \mathbb{R}^n$ 为第 i 个智能体的状态；$u_i(t) \in \mathbb{R}^n$ 为第 i 个智能体的控制输入；$d_i(t) \in \mathbb{R}^n$ 为外部干扰。

为实现对第 i 个智能体状态 $x_i(t)$ 的保护，采用如下隐私掩码函数，即

$$\begin{cases} y_i(t) = h_i(t, x_i, \pi_i) \\ h_i(t, x_i, \pi_i) = (1 + \phi_i e^{-\sigma_i t})(x_i + \gamma_i e^{-\delta_i t}) \end{cases}, \quad i = 1, 2, \cdots, N \tag{5.6}$$

式中，$y_i(t) \in \mathbb{R}^n$ 为第 i 个智能体的输出掩码状态；$h_i(t, x_i, \pi_i) \in \mathbb{R}^n$ 为第 i 个智能体关于 $\pi_i = (\phi_i, \sigma_i, \delta_i, \gamma_i)$ 的输出隐私掩码，且 $\phi_i, \sigma_i, \delta_i > 0$，$\gamma_i \in \mathbb{R}^n \neq 0$。

此隐私掩码 $h_i(t, x_i, \pi_i)$ 可在 $t \to \infty$ 时实现衰减消失，在矢量形式下，假设所有智能体都采用此种形式的隐私掩码，则消失仿射掩码可表示为

$$h(t, x, \pi) = (I + \Phi e^{-\Sigma t})(x + e^{-\Delta t} \gamma) \tag{5.7}$$

式中，$\Phi = \mathrm{diag}(\phi_1, \phi_2, \cdots, \phi_n)$；$\Sigma = \mathrm{diag}(\sigma_1, \sigma_2, \cdots, \sigma_n)$；$\Delta = \mathrm{diag}(\delta_1, \delta_2, \cdots, \delta_n)$；$\gamma = [\gamma_1, \gamma_2, \cdots, \gamma_n]^{\mathrm{T}}$。

本章采用分布式控制策略，基于一致性理论思想，利用隐私保护掩码函数，设计滑模鲁棒控制抑制时变扰动，完成分布式滑模隐私保护编队控制器设计。定义 $F(t) = [F_1^{\mathrm{T}}(t), F_2^{\mathrm{T}}(t), \cdots, F_N^{\mathrm{T}}(t)]^{\mathrm{T}}$ 为时变的编队向量。定义编队跟踪误差为

$$e_{xi} = \sum_{j=1}^{N} a_{ij}[(x_i - x_j) - (F_i(t) - F_j(t))] \tag{5.8}$$

本节的控制目标是考虑智能体状态的初始值被保护，构造分布式滑模隐私保护编队控制器，使得 N 个智能体在外界干扰条件下，能够形成并维持预先给定的几何构型，即满足

$$\lim_{t \to \infty} (x_i - x_j) \to (F_i(t) - F_j(t)), \quad i, j = 1, 2, \cdots, N \tag{5.9}$$

设计控制器之前，给出如下引理及假设。

引理 5.1[61]　如果 $\xi_1, \xi_2, \cdots, \xi_n \geqslant 0$，那么有下列不等式成立，即

$$\begin{cases} \left(\displaystyle\sum_{i=1}^{n} \xi_i \right)^{\mu} \leqslant \left(\displaystyle\sum_{i=1}^{n} \xi_i^{\mu} \right) \leqslant n^{1-\mu} \left(\displaystyle\sum_{i=1}^{n} \xi_i \right)^{\mu}, \quad 0 < \mu < 1 \\ n^{1-\nu} \left(\displaystyle\sum_{i=1}^{n} \xi_i \right)^{\nu} \leqslant \left(\displaystyle\sum_{i=1}^{n} \xi_i^{\nu} \right) \leqslant \left(\displaystyle\sum_{i=1}^{n} \xi_i \right)^{\nu}, \quad \nu \geqslant 1 \end{cases} \tag{5.10}$$

假设 5.1　假设时变编队向量 $F_i(t), i = 1, 2, \cdots, N$ 是有界的，且连续可微，满足 $\|F_i(t)\|_1 \leqslant \rho_0, \|\dot{F}_i(t)\|_1 \leqslant \rho_1$，其中 ρ_0 和 ρ_1 为正常数。

假设 5.2　外部干扰 $d_i(t) \in \mathbf{R}^n, i = 1, 2, \cdots, N$ 是有界的，满足 $\|d_i(t)\|_1 \leqslant D$，$D > 0$。

定理 5.1　考虑连续多智能体系统的动态方程 (5.5) 满足假设 5.1 和假设 5.2，且无向固定通信拓扑是连通的，为实现对第 i 个智能体状态 $x_i(t)$ 初始状态的保护，设计隐私掩码函数为式 (5.6)，构造分布式滑模隐私保护编队控制器为

$$u_i(t) = -c\sum_{j=1}^{N} a_{ij}(\hat{y}_i(t) - \hat{y}_j(t)) - k\,\mathrm{sgn}\left(\sum_{j=1}^{N} a_{ij}(\hat{y}_i(t) - \hat{y}_j(t))\right) \tag{5.11}$$

式中，$c > 0$；$k > D + \rho_1$ 为待设计的控制增益。因此，编队跟踪误差式 (5.8) 可在 $t \to \infty$ 时收敛到零，即 $\lim\limits_{t \to \infty}(x_i - x_j) \to (F_i(t) - F_j(t))$。

证明：给出多智能体状态 $x(t) = [x_1^{\mathrm{T}}(t), x_2^{\mathrm{T}}(t), \cdots, x_N^{\mathrm{T}}(t)]^{\mathrm{T}}$，输出掩码状态 $y(t) = [y_1^{\mathrm{T}}(t), y_2^{\mathrm{T}}(t), \cdots, y_N^{\mathrm{T}}(t)]^{\mathrm{T}}$，控制输入与外部干扰 $u(t) = [u_1^{\mathrm{T}}(t), u_2^{\mathrm{T}}(t), \cdots, u_N^{\mathrm{T}}(t)]^{\mathrm{T}}$ 和 $d(t) = [d_1^{\mathrm{T}}(t), d_2^{\mathrm{T}}(t), \cdots, d_N^{\mathrm{T}}(t)]^{\mathrm{T}}$，则有

$$\begin{cases} \dot{x}(t) = u(t) + d(t) \\ u(t) = -c(L \otimes I_n)\hat{y}(t) - k\,\mathrm{sgn}((L \otimes I_n)\hat{y}(t)) \\ \hat{y}(t) = y(t) - F(t) \\ y(t) = (I + \Phi\mathrm{e}^{-\Sigma t})(x + \mathrm{e}^{-\Delta t}\gamma) \end{cases} \tag{5.12}$$

令 $z(t) = x(t) - F(t)$，定义 $\hat{z}_i(t) = (L_i \otimes I_n)z(t)$ 为 $\hat{z}(t) = (L \otimes I_n)z(t)$ 的第 i 个分量，构造 Lyapunov 能量函数为

$$V(z(t)) = \frac{1}{2}z^{\mathrm{T}}(t)(L \otimes I_n)z(t) \tag{5.13}$$

则满足以下不等式，即

$$2\lambda_2 V(z(t)) \leqslant \sum_{i=1}^{N} \hat{z}_i^{\mathrm{T}}(t)\hat{z}_i(t) \leqslant 2\lambda_N V(z(t)) \tag{5.14}$$

对于 Lyapunov 能量函数式 (5.13)，$V(z(t))$ 沿误差状态 $z(t)$ 求导可得

$$\dot{V}(z(t)) = z^{\mathrm{T}}(t)(L \otimes I_n)\dot{z}(t) = z^{\mathrm{T}}(t)(L \otimes I_n)(u(t) + d(t) - \dot{F}(t)) \qquad (5.15)$$

将式(5.12)中的控制器代入式(5.15)，可得

$$
\begin{aligned}
\dot{V}(z(t)) &= z^{\mathrm{T}}(t)(L \otimes I_n)\dot{z}(t) \\
&= z^{\mathrm{T}}(t)(L \otimes I_n)[-c(L \otimes I_n)\hat{y}(t) - k\mathrm{sgn}((L \otimes I_n)\hat{y}(t)) + d(t) - \dot{F}(t)]
\end{aligned}
$$
$$(5.16)$$

将 $\hat{y}(t) = y(t) - F(t)$ 和 $y(t) = (I + \Phi \mathrm{e}^{-\Sigma t})(x(t) + \mathrm{e}^{-\Lambda t}\gamma)$ 代入式(5.16)，可得

$$
\begin{aligned}
\dot{V}(z(t)) = &-cz^{\mathrm{T}}(t)(L \otimes I_n)(L \otimes I_n)[(I + \Phi \mathrm{e}^{-\Sigma t})(x + \mathrm{e}^{-\Lambda t}\gamma) - F(t)] \\
&- k \cdot z^{\mathrm{T}}(t)(L \otimes I_n)\mathrm{sgn}((L \otimes I_n)\hat{y}(t)) \\
&+ [(L \otimes I_n)z(t)]^{\mathrm{T}}(d(t) - \dot{F}(t))
\end{aligned}
$$
$$(5.17)$$

对式(5.17)右端分别加减 $\Phi \mathrm{e}^{-\Sigma t}F(t)$，可得

$$
\begin{aligned}
\dot{V}(z(t)) = &-cz^{\mathrm{T}}(t)(L \otimes I_n)(L \otimes I_n)[(I + \Phi \mathrm{e}^{-\Sigma t})(x + \mathrm{e}^{-\Lambda t}\gamma) - F(t) - \Phi \mathrm{e}^{-\Sigma t}F(t) \\
&+ \Phi \mathrm{e}^{-\Sigma t}F(t)] - kz^{\mathrm{T}}(t)(L \otimes I_n)\mathrm{sgn}((L \otimes I_n)\hat{y}(t)) + [(L \otimes I_n)z(t)]^{\mathrm{T}} \\
&\cdot (d(t) - \dot{F}(t))
\end{aligned}
$$
$$(5.18)$$

整理式(5.18)得

$$
\begin{aligned}
\dot{V}(z(t)) = &-cz^{\mathrm{T}}(t)(L \otimes I_n)(L \otimes I_n)[(I + \Phi \mathrm{e}^{-\Sigma t})(x - F(t) + \mathrm{e}^{-\Lambda t}\gamma) + \Phi \mathrm{e}^{-\Sigma t}F(t)] \\
&- kz^{\mathrm{T}}(t)(L \otimes I_n)\mathrm{sgn}((L \otimes I_n)\hat{y}(t)) + [(L \otimes I_n)z(t)]^{\mathrm{T}}(d(t) - \dot{F}(t))
\end{aligned}
$$
$$(5.19)$$

即

$$
\begin{aligned}
\dot{V}(z(t)) = &-cz^{\mathrm{T}}(t)(L \otimes I_n)(L \otimes I_n)(I + \Phi \mathrm{e}^{-\Sigma t})z(t) - cz^{\mathrm{T}}(t)(L \otimes I_n)(L \otimes I_n) \\
&\cdot (I + \Phi \mathrm{e}^{-\Sigma t})\mathrm{e}^{-\Lambda t}\gamma - cz^{\mathrm{T}}(t)(L \otimes I_n)(L \otimes I_n)\Phi \mathrm{e}^{-\Sigma t}F(t) - kz^{\mathrm{T}}(t)(L \otimes I_n) \\
&\cdot \mathrm{sgn}((L \otimes I_n)\hat{y}(t)) + [(L \otimes I_n)z(t)]^{\mathrm{T}}(d(t) - \dot{F}(t))
\end{aligned}
$$
$$(5.20)$$

式中

$$cz^{\mathrm{T}}(t)(L\otimes I_n)(L\otimes I_n)(I+\Phi e^{-\Sigma t})z(t)\geqslant cz^{\mathrm{T}}(t)(L\otimes I_n)(L\otimes I_n)z(t)$$
$$\geqslant 2c\lambda_2 V(z(t))>0$$

记 $\phi_{\max}=\max\{\phi_1,\phi_2,\cdots,\phi_n\}$, $\sigma_{\min}=\min\{\sigma_1,\sigma_2,\cdots,\sigma_n\}$, $\delta_{\min}=\min\{\delta_1,\delta_2,\cdots,\delta_n\}$, 则有

$$-cz^{\mathrm{T}}(t)(L\otimes I_n)(L\otimes I_n)(I+\Phi e^{-\Sigma t})e^{-\Delta t}\gamma\leqslant c\lambda_N(1+\phi_{\max})\|\gamma\|_1\|(L\otimes I_n)z(t)\|_1 e^{-\delta_{\min}t}$$

基于引理 5.1, 有

$$c\lambda_N(1+\phi_{\max})\|\gamma\|_1\|(L\otimes I_n)z(t)\|_1 e^{-\delta_{\min}t}$$
$$\leqslant c\lambda_N(1+\phi_{\max})\|\gamma\|_1 N^{\frac{1}{2}}\|(L\otimes I_n)z(t)\|_2 e^{-\delta_{\min}t}$$
$$\leqslant c\lambda_N(1+\phi_{\max})\|\gamma\|_1\sqrt{2N\lambda_N}V^{\frac{1}{2}}(z(t))e^{-\delta_{\min}t}$$

同理, 基于引理 5.1 和假设 5.1 有

$$-cz^{\mathrm{T}}(t)(L\otimes I_n)(L\otimes I_n)\Phi e^{-\Sigma t}F(t)\leqslant c\lambda_N\phi_{\max}\|(L\otimes I_n)z(t)\|_1\|F(t)\|_1 e^{-\sigma_{\min}t}$$
$$\leqslant c\lambda_N\phi_{\max}\rho_0\sqrt{2N\lambda_N}V^{\frac{1}{2}}(z(t))e^{-\sigma_{\min}t}$$

基于上述分析, 当 $t\to\infty$ 时, $(L\otimes I_n)\hat{y}(t)=(L\otimes I_n)z(t)$, 整理可得

$$\dot{V}(z(t))\leqslant -2c\lambda_2 V(z(t))-kz^{\mathrm{T}}(t)(L\otimes I_n)\mathrm{sgn}((L\otimes I_n)z(t))$$
$$+[(L\otimes I_n)z(t)]^{\mathrm{T}}(d(t)-\dot{F}(t))$$
$$(5.21)$$

由假设 5.1 和假设 5.2 可知

$$\dot{V}(z(t))\leqslant -2c\lambda_2 V(z(t))-k\|(L\otimes I_n)z(t)\|_1+(D+\rho_1)\|(L\otimes I_n)z(t)\|_1 \qquad (5.22)$$

当滑模控制增益 k 满足 $k>D+\rho_1$ 时, 有

$$\dot{V}(z(t))\leqslant -2c\lambda_2 V(z(t)) \qquad (5.23)$$

在 $t\to\infty$ 时, 基于式 (5.23) 可知, $\lim_{t\to\infty}V(z(t))\leqslant\lim_{t\to\infty}e^{-2c\lambda_2(t-t_0)}V(z(t_0))\leqslant 0$, 即

$$\lim_{t\to\infty}\left\|(x_i(t)-F_i(t))-(x_j(t)-F_j(t))\right\|_1=0 \qquad (5.24)$$

证毕。

5.2.2　事件触发滑模隐私保护编队控制

多智能体编队轨迹跟踪是指利用网络内每个智能体的状态信息及通信关系，设计适当的控制器使得多智能体实现预先给定的几何构型，并保持此几何构型完成对期望轨迹的追踪。多个智能体之间必须要有信息交互才能保持在编队中的相对位置不变，从而保持一定的队形。在编队控制中，需要设置较高的采样频率不断地采集智能体的状态信息，并将采集到的状态信息在智能体网络群组内进行实时交互。这就存在大量的信息传输，极易发生网络拥堵状况，进而对通信带宽提出了较高的要求。在接下来的研究中，将事件触发引入隐私保护条件下的多智能体编队控制，采用分布式控制策略，基于一致性理论，利用隐私保护掩码函数，完成分布式滑模事件触发隐私保护编队控制器设计，同时避免 Zeno 现象发生。

基于连续多智能体系统的动态方程(5.5)，可得基于事件触发机制的滑模隐私保护编队控制算法表达式为

$$\begin{cases} \dot{x}_i(t)=u_i(t)+d_i(t) \\ u_i(t)=-c\sum_{j=1}^{N}a_{ij}(\hat{y}_i(t_k^i)-\hat{y}_j(t_k^i))-k\mathrm{sgn}\left(\sum_{j=1}^{N}a_{ij}(\hat{y}_i(t_k^i)-\hat{y}_j(t_k^i))\right), \quad t\in[t_k^i,t_{k+1}^i) \\ \hat{y}_i(t)=y_i(t)-F_i(t) \\ y_i(t)=h_i(t,x_i,\pi_i)=(1+\phi_i\mathrm{e}^{-\sigma_i t})(x_i(t)+\gamma_i\mathrm{e}^{-\delta_i t}) \end{cases}$$

$$(5.25)$$

定义量测误差为

$$e_i(t)=\hat{y}_i(t_k^i)-\hat{y}_i(t), \quad t\in[t_k^i,t_{k+1}^i) \qquad (5.26)$$

式中，t_k^i 为 $\hat{y}_i(t)$ 的采样时刻。事件触发条件设计为

$$\|e_i(t)\|_1\leqslant\frac{\chi(t)\alpha}{N\|L\otimes I_n\|_1 c} \qquad (5.27)$$

式中，$\chi(t)=\sqrt{\varepsilon_1\varepsilon^{-\tau t}+\varepsilon_0}$，$\varepsilon>1$，$0<\varepsilon_0,\varepsilon_1<1$，$0\leqslant\tau\leqslant1$；$\alpha\in(0,\infty)$；$c>0$；$N$ 为智能体的个数。触发时刻可确定为

$$t_{k+1}^i = \inf\left\{ t > t_k^i \mid \|e_i(t)\|_1 > \frac{\chi(t)\alpha}{N\|L \otimes I_n\|_1 c} \right\} \tag{5.28}$$

定理 5.2 针对连续多智能体系统的动态方程(5.5),设计基于事件触发机制的隐私保护编队控制算法(5.25),满足触发机制(5.28),滑模控制增益满足 $k > D + \rho_1 + \alpha \cdot \chi(t)$,则当 $t \to \infty$ 时,编队的相对位置误差会被限制在一个有界的范围内,且可通过调节参数 α、ε_0 和 c 使编队误差收敛到一个理想的有界范围内,即

$$\lim_{t \to \infty} \left\| (x_i(t) - F_i(t)) - (x_j(t) - F_j(t)) \right\|_1 \leqslant \frac{\alpha\sqrt{\varepsilon_0}}{2c\|(L \otimes I_n)\|_1} \tag{5.29}$$

证明:同连续时间滑模隐私保护编队控制算法证明,给出式(5.25)的向量形式为

$$\begin{cases} \dot{x}(t) = u(t) + d(t) \\ u(t) = -c(L \otimes I_n)\hat{y}(t_k) - k\mathrm{sgn}((L \otimes I_n)\hat{y}(t_k)) \\ \hat{y}(t) = y(t) - F(t) \\ y(t) = (I + \Phi e^{-\Sigma t})(x + e^{-\Delta t}\gamma) \end{cases} \tag{5.30}$$

Lyapunov 能量函数构造同式(5.13),沿误差状态 $z(t)$,对 $V(z(t))$ 求导可得

$$\dot{V}(z(t)) = z^{\mathrm{T}}(t)(L \otimes I_n)\dot{z}(t) = z^{\mathrm{T}}(t)(L \otimes I_n)(u(t) + d(t) - \dot{F}(t)) \tag{5.31}$$

将式(5.30)中的事件触发控制器 $u(t)$ 代入式(5.31),可得

$$\begin{aligned} \dot{V}(z(t)) &= z^{\mathrm{T}}(t)(L \otimes I_n)\dot{z}(t) \\ &= z^{\mathrm{T}}(t)(L \otimes I_n)[-c(L \otimes I_n)\hat{y}(t_k) - k\mathrm{sgn}((L \otimes I_n)\hat{y}(t_k)) + d(t) - \dot{F}(t)] \end{aligned} \tag{5.32}$$

基于量测误差定义可得 $\hat{y}(t_k) = e(t) + \hat{y}(t)$,则

$$\begin{aligned} \dot{V}(z(t)) &= z^{\mathrm{T}}(t)(L \otimes I_n)\dot{z}(t) \\ &= z^{\mathrm{T}}(t)(L \otimes I_n)[-c(L \otimes I_n)(e(t) + \hat{y}(t)) - k\mathrm{sgn}((L \otimes I_n)\hat{y}(t_k)) + d(t) \\ &\quad - \dot{F}(t)] \\ &= -cz^{\mathrm{T}}(t)(L \otimes I_n)(L \otimes I_n)\hat{y}(t) - cz^{\mathrm{T}}(t)(L \otimes I_n)(L \otimes I_n)e(t) \\ &\quad - kz^{\mathrm{T}}(t)(L \otimes I_n)\mathrm{sgn}((L \otimes I_n)\hat{y}(t_k)) + z^{\mathrm{T}}(t)(L \otimes I_n)(d(t) - \dot{F}(t)) \end{aligned} \tag{5.33}$$

基于式(5.12)可得 $\hat{y}(t) = (I + \Phi e^{-\Sigma t})(x(t) + e^{-\Delta t}\gamma) - F(t)$，将其代入式(5.33)，整理可得

$$\dot{V}(z(t)) = -cz^{\mathrm{T}}(t)(L \otimes I_n)(L \otimes I_n)[(I + \Phi e^{-\Sigma t})(x(t) + e^{-\Delta t}\gamma) - F(t)]$$
$$- cz^{\mathrm{T}}(t)(L \otimes I_n)(L \otimes I_n)e(t)$$
$$- kz^{\mathrm{T}}(t)(L \otimes I_n)\mathrm{sgn}((L \otimes I_n)\hat{y}(t_k)) + z^{\mathrm{T}}(t)(L \otimes I_n)(d(t) - \dot{F}(t))$$
$$\tag{5.34}$$

对式(5.34)右端分别加减 $\Phi e^{-\Sigma t}F(t)$，可得

$$\dot{V}(z(t)) = -cz^{\mathrm{T}}(t)(L \otimes I_n)(L \otimes I_n)[(I + \Phi e^{-\Sigma t})(x(t) + e^{-\Delta t}\gamma) - F(t)$$
$$- \Phi e^{-\Sigma t}F(t) + \Phi e^{-\Sigma t}F(t)] - cz^{\mathrm{T}}(t)(L \otimes I_n)(L \otimes I_n)e(t)$$
$$- kz^{\mathrm{T}}(t)(L \otimes I_n)\mathrm{sgn}((L \otimes I_n)\hat{y}(t_k)) + z^{\mathrm{T}}(t)(L \otimes I_n)(d(t) - \dot{F}(t))$$
$$\tag{5.35}$$

整理式(5.35)，可得

$$\dot{V}(z(t)) = -cz^{\mathrm{T}}(t)(L \otimes I_n)(L \otimes I_n)[(I + \Phi e^{-\Sigma t})(x(t) - F(t) + e^{-\Delta t}\gamma) + \Phi e^{-\Sigma t}F(t)]$$
$$- cz^{\mathrm{T}}(t)(L \otimes I_n)(L \otimes I_n)e(t)$$
$$- kz^{\mathrm{T}}(t)(L \otimes I_n)\mathrm{sgn}((L \otimes I_n)\hat{y}(t_k)) + z^{\mathrm{T}}(t)(L \otimes I_n)(d(t) - \dot{F}(t))$$
$$\tag{5.36}$$

即

$$\dot{V}(z(t)) = -cz^{\mathrm{T}}(t)(L \otimes I_n)(L \otimes I_n)(I + \Phi e^{-\Sigma t})z(t) - cz^{\mathrm{T}}(t)(L \otimes I_n)(L \otimes I_n)$$
$$\cdot (I + \Phi e^{-\Sigma t})e^{-\Delta t}\gamma$$
$$- cz^{\mathrm{T}}(t)(L \otimes I_n)(L \otimes I_n)\Phi e^{-\Sigma t}F(t) - cz^{\mathrm{T}}(t)(L \otimes I_n)(L \otimes I_n)e(t)$$
$$- kz^{\mathrm{T}}(t)(L \otimes I_n)\mathrm{sgn}((L \otimes I_n)\hat{y}(t_k)) + [(L \otimes I_n)z(t)]^{\mathrm{T}}(d(t) - \dot{F}(t))$$
$$\tag{5.37}$$

式(5.37)右端第一项分析同连续滑模隐私保护编队控制，且当 $t \to \infty$ 时，$(L \otimes I_n)\hat{y}(t) = (L \otimes I_n)z(t)$，整理可得

$$\dot{V}(z(t)) \leqslant -2c\lambda_2 V(z(t)) - cz^{\mathrm{T}}(t)(L \otimes I_n)(L \otimes I_n)e(t)$$
$$- kz^{\mathrm{T}}(t)(L \otimes I_n)\mathrm{sgn}((L \otimes I_n)z(t_k)) + [(L \otimes I_n)z(t)]^{\mathrm{T}}(d(t) - \dot{F}(t))$$
$$\tag{5.38}$$

若 $\mathrm{sgn}((L \otimes I_n)z(t_k)) = \mathrm{sgn}((L \otimes I_n)z(t))$，则在 $t \in [t_k^i, t_{k+1}^i)$ 时间内没有穿越滑模面 $(L \otimes I_n)z(t) = 0$，基于假设 5.1 和假设 5.2，式(5.38)可整理为

$$
\begin{aligned}
\dot{V}(z(t)) &\leqslant -2c\lambda_2 V(z(t)) + c\|(L \otimes I_n)z(t)\|_1 \|L \otimes I_n\|_1 \|e(t)\|_1 \\
&\quad - k\|(L \otimes I_n)z(t)\|_1 + (D + \rho_1)\|(L \otimes I_n)z(t)\|_1
\end{aligned}
\tag{5.39}
$$

由于 $\|e(t)\|_1 = \displaystyle\sum_{i=1}^{N} \|e_i(t)\|_1 \leqslant \dfrac{\chi(t)\alpha}{c\|L \otimes I_n\|_1}$ ，当 $k > D + \rho_1 + \alpha\chi(t)$ 时，有

$$
\dot{V}(z(t)) \leqslant -2c\lambda_2 V(z(t))
\tag{5.40}
$$

则有 $\displaystyle\lim_{t \to \infty} \|(x_i(t) - F_i(t)) - (x_j(t) - F_j(t))\|_1 = 0$，编队控制得以实现。

若 $\mathrm{sgn}((L \otimes I_n)z(t_k)) = \mathrm{sgn}((L \otimes I_n)z(t))$ 在 $t \in [t_k^i, t_{k+1}^i)$ 内不恒成立，则式(5.32)干扰部分不能用滑模项进行鲁棒处理。在这种条件下，需要求得 $(L \otimes I_n)z(t)$ 收敛的最大界限，且 $(L \otimes I_n)z(t)$ 始终保持在该界限内。当 $(L \otimes I_n)z(t)$ 的运动轨迹到达 $(L \otimes I_n)z(t) = 0$ 时，如果不更新控制信号，它将越过 $(L \otimes I_n)z(t) = 0$ 。因此，运动轨迹会远离 $(L \otimes I_n)z(t) = 0$ ，同时收敛误差也会增加，这会在某个时刻满足触发条件，式(5.19)中的控制器会更新。更新后的控制信号将轨迹再次推向 $(L \otimes I_n)z(t) = 0$ 。因此，$(L \otimes I_n)z(t)$ 附近的触发间隔内滑动轨迹的最大偏差估计为

$$
\begin{aligned}
\|(L \otimes I_n)z(t_k) - (L \otimes I_n)z(t)\|_1 &= \lim_{t \to \infty} \|(L \otimes I_n)\hat{y}(t_k) - (L \otimes I_n)\hat{y}(t)\|_1 \\
&\leqslant \lim_{t \to \infty} \|(L \otimes I_n)e(t)\|_1 \\
&\leqslant \|L \otimes I_n\|_1 \lim_{t \to \infty} \|e(t)\|_1 \\
&\leqslant \lim_{t \to \infty} \frac{\chi(t)\alpha}{c} = \frac{\alpha\sqrt{\varepsilon_0}}{c}
\end{aligned}
\tag{5.41}
$$

则 $t \to \infty$ 时，令 $(L \otimes I_n)z(t_k) = 0$ ，可得编队误差运动轨迹的最大边界为

$$
\|z(t)\|_1 \leqslant \frac{\alpha\sqrt{\varepsilon_0}}{c\|L \otimes I_n\|_1}
\tag{5.42}
$$

由 $\|(x_i(t) - F_i(t)) - (x_j(t) - F_j(t))\|_1 \leqslant \|x_i(t) - F_i(t)\|_1 + \|x_j(t) - F_j(t)\|_1 \leqslant 2\|z(t)\|_1$ 可得

$$\lim_{t \to \infty} \left\| (x_i(t) - F_i(t)) - (x_j(t) - F_j(t)) \right\|_1 \leqslant \frac{2\alpha\sqrt{\varepsilon_0}}{c \left\| (L \otimes I_n) \right\|_1} \tag{5.43}$$

则可通过调节参数 α、ε_0 和 c 使编队误差收敛到理想的有界范围内。证毕。

为避免加入事件触发机制后的 Zeno 现象，避免控制器的连续触发，下面给出定理 5.3，并进行理论证明。

定理 5.3　考虑多智能体系统及事件触发控制器(5.25)，在假设 5.1 和假设 5.2 成立的条件下，利用事件触发条件(5.27)和触发时刻(5.28)定义的触发间隔常数 $T_i = t_{k+1}^i - t_k^i$ 的下界是一个正值，满足如下不等式关系，即

$$T_i = t_{k+1}^i - t_k^i \geqslant \frac{1}{2\sigma_i + \delta_i} \ln\left(1 + \frac{\sqrt{\varepsilon_0}\,\alpha}{mN \left\| L \otimes I_n \right\|_1 c} \right) \tag{5.44}$$

式中

$$\begin{cases} m = \left[\dfrac{k_1}{2\sigma_i} \mathrm{e}^{-\sigma_i t_{k+1}^i} + \dfrac{k_2}{\sigma_i + \delta_i} \mathrm{e}^{-\delta_i t_{k+1}^i} + \dfrac{k_3}{2\sigma_i + \delta_i} \mathrm{e}^{-(\sigma_i + \delta_i) t_{k+1}^i} + \dfrac{k_4}{\sigma_i} \right] \\[2mm] k_1 = \phi_i \left(\left\| u_i(t_k^i) \right\|_1 + D \right) \\[2mm] k_2 = \delta_i \left\| \gamma_i \right\|_1 \\[2mm] k_3 = \phi_i \delta_i \left\| \gamma_i \right\|_1 \\[2mm] k_4 = \sigma_i \left\| \hat{y}_i(t_k^i) \right\|_1 + \sigma_i \rho_0 + \left\| u_i(t_k^i) \right\|_1 + D + \rho_1 \end{cases} \tag{5.45}$$

证明： 当 $t \in [t_k^i, t_{k+1}^i)$ 时，有不等式

$$\frac{\mathrm{d}}{\mathrm{d}t} \left\| e_i(t) \right\|_1 \leqslant \left\| \dot{e}_i(t) \right\|_1 = \left\| \dot{\hat{y}}_i(t) \right\|_1 = \left\| \dot{y}_i(t) - \dot{F}_i(t) \right\|_1 \leqslant \left\| \dot{y}_i(t) \right\|_1 + \left\| \dot{F}_i(t) \right\|_1 \tag{5.46}$$

由 $y_i(t) = h_i(t, x_i, \pi_i) = (1 + \phi_i \mathrm{e}^{-\sigma_i t})(x_i + \gamma_i \mathrm{e}^{-\delta_i t})$，得 $x_i(t) = \dfrac{1}{1 + \phi_i \mathrm{e}^{-\sigma_i t}} y_i(t) - \gamma_i \mathrm{e}^{-\delta_i t}$。

进一步对 $y_i(t)$ 求取一阶导数，可得

$$\dot{y}_i(t) = -\sigma_i \phi_i \mathrm{e}^{-\sigma_i t}(x_i + \gamma_i \mathrm{e}^{-\delta_i t}) + (1 + \phi_i \mathrm{e}^{-\sigma_i t})(u_i(t) + d_i(t) - \delta_i \gamma_i \mathrm{e}^{-\delta_i t}) \tag{5.47}$$

基于 $\dot{y}_i(t)$ 的表达式，可得

$$\frac{\mathrm{d}}{\mathrm{d}t}\big\|e_i(t)\big\|_1 \leqslant \big\|{-\sigma_i\phi_i\mathrm{e}^{-\sigma_i t}(x_i+\gamma_i\mathrm{e}^{-\delta_i t})+(1+\phi_i\mathrm{e}^{-\sigma_i t})(u_i(t_k^i)+d_i(t)-\delta_i\gamma_i\mathrm{e}^{-\delta_i t})}\big\|_1$$
$$+\big\|\dot{F}_i(t)\big\|_1$$

(5.48)

将 $x_i(t)=\dfrac{1}{1+\phi_i\mathrm{e}^{-\sigma_i t}}y_i(t)-\gamma_i\mathrm{e}^{-\delta_i t}$ 代入式 (5.48)，有

$$\frac{\mathrm{d}}{\mathrm{d}t}\big\|e_i(t)\big\|_1 \leqslant \Big\|{-\sigma_i\phi_i\mathrm{e}^{-\sigma_i t}\frac{1}{1+\phi_i\mathrm{e}^{-\sigma_i t}}y_i(t)+(1+\phi_i\mathrm{e}^{-\sigma_i t})(u_i(t_k^i)+d_i(t)-\delta_i\gamma_i\mathrm{e}^{-\delta_i t})}\Big\|_1$$
$$+\big\|\dot{F}_i(t)\big\|_1$$
$$\leqslant \sigma_i\big\|y_i(t)\big\|_1+\big\|(1+\phi_i\mathrm{e}^{-\sigma_i t})(u_i(t_k^i)+d_i(t)-\delta_i\gamma_i\mathrm{e}^{-\delta_i t})\big\|_1+\big\|\dot{F}_i(t)\big\|_1$$
$$\leqslant \sigma_i\big\|y_i(t)\big\|_1+\big\|(1+\phi_i\mathrm{e}^{-\sigma_i t})(u_i(t_k^i)+d_i(t))\big\|_1$$
$$+\big\|{-\delta_i\gamma_i\mathrm{e}^{-\delta_i t}-\phi_i\delta_i\gamma_i\mathrm{e}^{-(\sigma_i+\delta_i)t}}\big\|_1+\big\|\dot{F}_i(t)\big\|_1$$
$$\leqslant \sigma_i\big\|y_i(t)\big\|_1+(1+\phi_i\mathrm{e}^{-\sigma_i t})\big(\big\|u_i(t_k^i)\big\|_1+\big\|d_i(t)\big\|_1\big)$$
$$+\delta_i\mathrm{e}^{-\delta_i t}\big\|\gamma_i\big\|_1+\phi_i\delta_i\mathrm{e}^{-(\sigma_i+\delta_i)t}\big\|\gamma_i\big\|_1+\big\|\dot{F}_i(t)\big\|_1$$

(5.49)

基于假设 5.1 和假设 5.2，即外部干扰 $d_i(t)$ 的有界性与编队矢量微分 $\dot{F}_i(t)$ 的有界性，整理可得

$$\frac{\mathrm{d}}{\mathrm{d}t}\big\|e_i(t)\big\|_1 \leqslant \sigma_i\big\|y_i(t)\big\|_1+(1+\phi_i\mathrm{e}^{-\sigma_i t})\big(\big\|u_i(t_k^i)\big\|_1+D\big)$$
$$+\delta_i\mathrm{e}^{-\delta_i t}\big\|\gamma_i\big\|_1+\phi_i\delta_i\mathrm{e}^{-(\sigma_i+\delta_i)t}\big\|\gamma_i\big\|_1+\rho_1$$

(5.50)

由 $\hat{y}_i(t)=y_i(t)-F_i(t)$，有 $y_i(t)=\hat{y}_i(t)+F_i(t)$，且 $e_i(t)=\hat{y}_i(t_k^i)-\hat{y}_i(t),t\in[t_k^i,t_{k+1}^i)$，可得 $y_i(t)=\hat{y}_i(t_k^i)-e_i(t)+F_i(t)$，式 (5.50) 可改写为

$$\frac{\mathrm{d}}{\mathrm{d}t}\big\|e_i(t)\big\|_1 \leqslant \sigma_i\big\|e_i(t)\big\|_1+\sigma_i\big\|\hat{y}_i(t_k^i)\big\|_1+\sigma_i\big\|F_i(t)\big\|_1$$
$$+(1+\phi_i\mathrm{e}^{-\sigma_i t})\big(\big\|u_i(t_k^i)\big\|_1+D\big)+\delta_i\mathrm{e}^{-\delta_i t}\big\|\gamma_i\big\|_1+\phi_i\delta_i\mathrm{e}^{-(\sigma_i+\delta_i)t}\big\|\gamma_i\big\|_1+\rho_1$$

(5.51)

基于式 (5.45)，$k_1 = \phi_i \left(\left\| u_i(t_k^i) \right\|_1 + D \right)$，$k_2 = \delta_i \left\| \gamma_i \right\|_1$，$k_3 = \phi_i \delta_i \left\| \gamma_i \right\|_1$，$k_4 = \sigma_i \left\| \hat{y}_i(t_k^i) \right\|_1 + \sigma_i \rho_0 + \left\| u_i(t_k^i) \right\|_1 + D + \rho_1$，式 (5.51) 可整理为

$$\frac{\mathrm{d}}{\mathrm{d}t} \left\| e_i(t) \right\|_1 \leqslant \sigma_i \left\| e_i(t) \right\|_1 + k_1 \mathrm{e}^{-\sigma_i t} + k_2 \mathrm{e}^{-\delta_i t} + k_3 \mathrm{e}^{-(\sigma_i + \delta_i)t} + k_4 \tag{5.52}$$

且 $e_i(t_k^i) = \hat{y}_i(t_k^i) - \hat{y}_i(t_k^i) = 0$，求解不等式 (5.52) 可得

$$\left\| e_i(t) \right\|_1 \leqslant \int_{t_k^i}^{t} \mathrm{e}^{\sigma_i(t-\tau)} [k_1 \mathrm{e}^{-\sigma_i \tau} + k_2 \mathrm{e}^{-\delta_i \tau} + k_3 \mathrm{e}^{-(\sigma_i + \delta_i)\tau} + k_4] \mathrm{d}\tau \tag{5.53}$$

对式 (5.53) 进行积分求解，可得

$$\begin{aligned}
\left\| e_i(t) \right\|_1 &\leqslant \int_{t_k^i}^{t} [k_1 \mathrm{e}^{\sigma_i(t-2\tau)} + k_2 \mathrm{e}^{\sigma_i t-(\sigma_i+\delta_i)\tau} + k_3 \mathrm{e}^{\sigma_i t-(2\sigma_i+\delta_i)\tau} + k_4 \mathrm{e}^{\sigma_i(t-\tau)}] \mathrm{d}\tau \\
&= -\frac{k_1}{2\sigma_i} \mathrm{e}^{\sigma_i(t-2\tau)} \Big|_{t_k^i}^{t} - \frac{k_2}{\sigma_i+\delta_i} \mathrm{e}^{\sigma_i t-(\sigma_i+\delta_i)\tau} \Big|_{t_k^i}^{t} - \frac{k_3}{2\sigma_i+\delta_i} \mathrm{e}^{\sigma_i t-(2\sigma_i+\delta_i)\tau} \Big|_{t_k^i}^{t} \\
&\quad - \frac{k_4}{\sigma_i} \mathrm{e}^{\sigma_i(t-\tau)} \Big|_{t_k^i}^{t} \\
&= -\frac{k_1}{2\sigma_i} \mathrm{e}^{-\sigma_i t} + \frac{k_1}{2\sigma_i} \mathrm{e}^{\sigma_i(t-2t_k^i)} - \frac{k_2}{\sigma_i+\delta_i} \mathrm{e}^{-\delta_i t} + \frac{k_2}{\sigma_i+\delta_i} \mathrm{e}^{\sigma_i t-(\sigma_i+\delta_i)t_k^i} \\
&\quad - \frac{k_3}{2\sigma_i+\delta_i} \mathrm{e}^{-(\sigma_i+\delta_i)t} + \frac{k_3}{2\sigma_i+\delta_i} \mathrm{e}^{\sigma_i t-(2\sigma_i+\delta_i)t_k^i} - \frac{k_4}{\sigma_i} + \frac{k_4}{\sigma_i} \mathrm{e}^{\sigma_i(t-t_k^i)}
\end{aligned} \tag{5.54}$$

对不等式 (5.54) 的最后一项进行整理，可得

$$\begin{aligned}
\left\| e_i(t) \right\|_1 &\leqslant \frac{k_1}{2\sigma_i} \mathrm{e}^{-\sigma_i t} [\mathrm{e}^{2\sigma_i(t-t_k^i)} - 1] + \frac{k_2}{\sigma_i+\delta_i} \mathrm{e}^{-\delta_i t} [\mathrm{e}^{(\sigma_i+\delta_i)(t-t_k^i)} - 1] \\
&\quad + \frac{k_3}{2\sigma_i+\delta_i} \mathrm{e}^{-(\sigma_i+\delta_i)t} [\mathrm{e}^{(2\sigma_i+\delta_i)(t-t_k^i)} - 1] + \frac{k_4}{\sigma_i} [\mathrm{e}^{\sigma_i(t-t_k^i)} - 1]
\end{aligned} \tag{5.55}$$

由于 σ_i 和 δ_i 为大于零的正数，因此有 $2\sigma_i + \delta_i = \max\{2\sigma_i, (\sigma_i + \delta_i), (2\sigma_i + \delta_i), \sigma_i\} > 0$，式 (5.55) 可整理为

$$\left\| e_i(t) \right\|_1 \leqslant [\mathrm{e}^{(2\sigma_i+\delta_i)(t-t_k^i)} - 1] \left[\frac{k_1}{2\sigma_i} \mathrm{e}^{-\sigma_i t} + \frac{k_2}{\sigma_i+\delta_i} \mathrm{e}^{-\delta_i t} + \frac{k_3}{2\sigma_i+\delta_i} \mathrm{e}^{-(\sigma_i+\delta_i)t} + \frac{k_4}{\sigma_i} \right] \tag{5.56}$$

当 $t = t_{k+1}^i$ 时，有

$$\left\| e_i(t_{k+1}^i) \right\|_1 \leqslant [\mathrm{e}^{(2\sigma_i + \delta_i)(t_{k+1}^i - t_k^i)} - 1]\left[\frac{k_1}{2\sigma_i} \mathrm{e}^{-\sigma_i t_{k+1}^i} + \frac{k_2}{\sigma_i + \delta_i} \mathrm{e}^{-\delta_i t_{k+1}^i} + \frac{k_3}{2\sigma_i + \delta_i} \mathrm{e}^{-(\sigma_i + \delta_i) t_{k+1}^i} + \frac{k_4}{\sigma_i} \right]$$

$$(5.57)$$

记 $m = \left[\dfrac{k_1}{2\sigma_i} \mathrm{e}^{-\sigma_i t_{k+1}^i} + \dfrac{k_2}{\sigma_i + \delta_i} \mathrm{e}^{-\delta_i t_{k+1}^i} + \dfrac{k_3}{2\sigma_i + \delta_i} \mathrm{e}^{-(\sigma_i + \delta_i) t_{k+1}^i} + \dfrac{k_4}{\sigma_i} \right] > 0$，则有

$$\left\| e_i(t_{k+1}^i) \right\|_1 \leqslant m[\mathrm{e}^{(2\sigma_i + \delta_i)(t_{k+1}^i - t_k^i)} - 1] \tag{5.58}$$

即

$$1 + \frac{\left\| e_i(t_{k+1}^i) \right\|_1}{m} \leqslant \mathrm{e}^{(2\sigma_i + \delta_i)(t_{k+1}^i - t_k^i)} \tag{5.59}$$

故触发间隔常数 $T_i = t_{k+1}^i - t_k^i$ 满足

$$T_i = t_{k+1}^i - t_k^i \geqslant \frac{1}{2\sigma_i + \delta_i} \ln\left(1 + \frac{\left\| e_i(t_{k+1}^i) \right\|_1}{m} \right) \tag{5.60}$$

由触发机制可得 $\left\| e_i(t) \right\|_1 > \dfrac{\chi(t)\alpha}{N\left\| L \otimes I_n \right\|_1 c} \geqslant \dfrac{\sqrt{\varepsilon_0}\,\alpha}{N\left\| L \otimes I_n \right\|_1 c}$，求解 T_i 可得

$$T_i = t_{k+1}^i - t_k^i \geqslant \frac{1}{2\sigma_i + \delta_i} \ln\left(1 + \frac{\sqrt{\varepsilon_0}\,\alpha}{mN\left\| L \otimes I_n \right\|_1 c} \right) \tag{5.61}$$

定理 5.3 得证。

5.3　仿　真　验　证

本节将提供仿真示例以验证理论结果。无向通信拓扑图由图 2.1 给出，该系统由式(5.5)描述的 5 个智能体组成，其中 $c = 5$，$k = 3.5$，$d_i(t) = 0.1\sin(t)$，$i = 1,2,3,4,5$。隐私掩码函数的参数设置为 $\phi_i = 0.7$，$\sigma_i = 0.3$，$\gamma_i = [0.2, 0.2]^\mathrm{T}$，$\delta_i = 0.8$，$i = 1,2,3,4,5$。在仿真中，取非零邻接矩阵系数为 $a_{ij} = 1$，且邻接矩阵 A 和拉普拉斯矩阵 L 分别设置为

$$A = \begin{bmatrix} 0 & 1 & 0 & 1 & 0 \\ 1 & 0 & 1 & 0 & 0 \\ 0 & 1 & 0 & 0 & 0 \\ 1 & 0 & 0 & 0 & 1 \\ 0 & 0 & 0 & 1 & 0 \end{bmatrix}, \quad L = \begin{bmatrix} 2 & -1 & 0 & -1 & 0 \\ -1 & 2 & -1 & 0 & 0 \\ 0 & -1 & 1 & 0 & 0 \\ -1 & 0 & 0 & 2 & -1 \\ 0 & 0 & 0 & -1 & 1 \end{bmatrix}$$

定义多智能体系统期望的时变编队形式为

$$F_i(t) = \begin{bmatrix} 2\cos(0.5t + 2(i-1)\pi/5) \\ 2\sin(0.5t + 2(i-1)\pi/5) \end{bmatrix}, \quad i = 1,2,3,4,5$$

智能体的初始状态选择为 $x_1(0) = [0.6, -0.15]^\mathrm{T}$，$x_2(0) = [-0.25, 0.55]^\mathrm{T}$，$x_3(0) = [0.3, -0.2]^\mathrm{T}$，$x_4(0) = [0.1, -0.1]^\mathrm{T}$，$x_5(0) = [1.5, 2]^\mathrm{T}$。

1. 连续滑模隐私保护编队控制仿真

基于连续滑模隐私保护编队控制器(5.11)，得到多智能体实现期望时变编队的仿真结果。

图 5.1 和图 5.2 为系统状态 $x_i(t)(i=1,2,3,4,5)$ 的轨迹和经过隐私掩码保护的状态 $y_i(t)$ 的轨迹，可以看出系统状态 $x_i(t)$ 经过隐私掩码函数的保护，初始状态发生了改变，其他智能体无法获取 $x_i(t)$ 的真实初值，实现了对系统状态初值的保护。同时，可得经过隐私掩码保护的状态 $y_i(t)$ 会随着时间衰减，最终与系统状态 $x_i(t)$ 保持一致。图 5.3 为智能体的控制输入。图 5.4 和图 5.5 为滑模面的轨迹，其中 $s_i(t) = \sum_{i=1}^{N} a_{ij}(\hat{y}_i(t) - \hat{y}_j(t))$，可以看出滑模面最终会收敛到稳态。图中，变量 x、y 分别代表状态和经过隐私保护的状态；下标 x、y 分别代表 x 轴和 y 轴，余同。

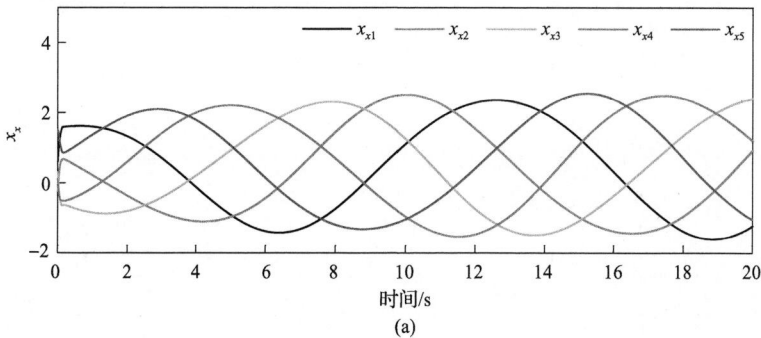

(a)

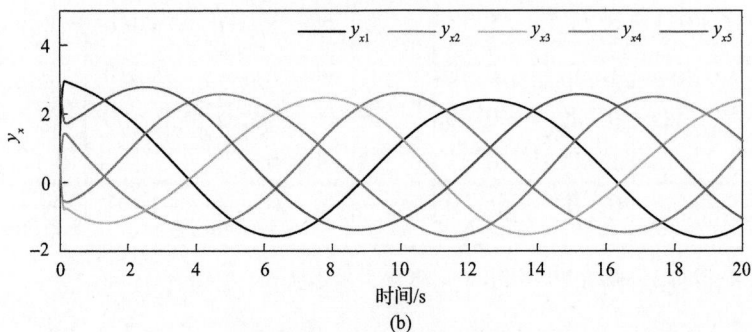

(b)

图 5.1　$x_i(t)$、$y_i(t)$ 在连续隐私保护编队控制器 (5.11) 下的状态轨迹 (x 轴)

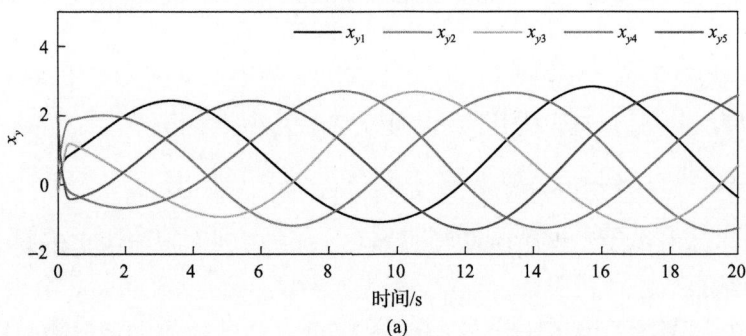

(a)

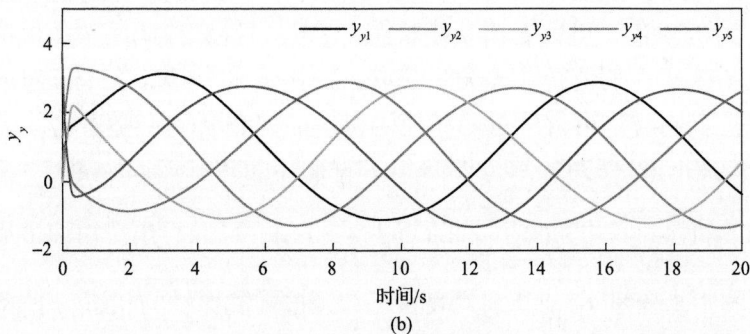

(b)

图 5.2　$x_i(t)$、$y_i(t)$ 在连续隐私保护编队控制器 (5.11) 下的状态轨迹 (y 轴)

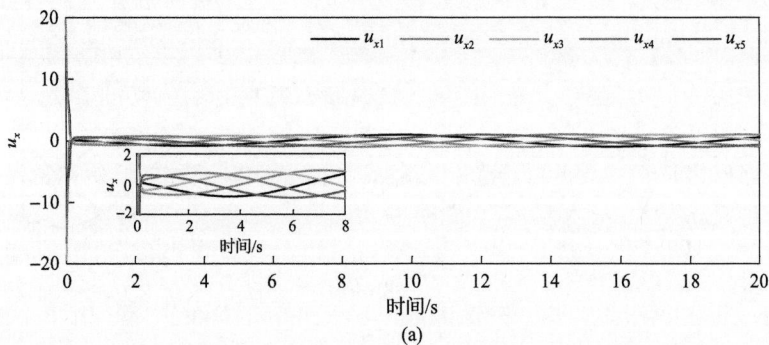

(a)

(b)

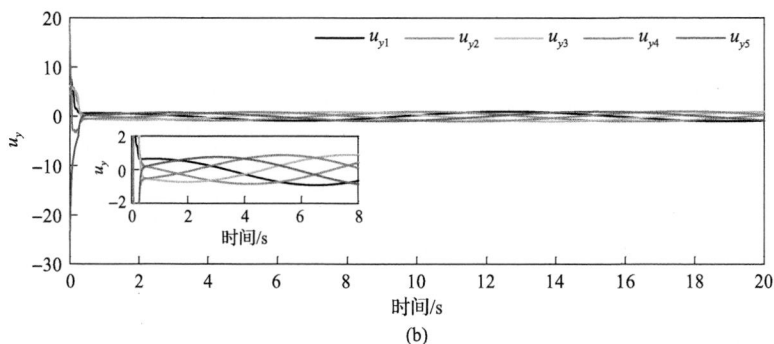

图 5.3　智能体的控制输入

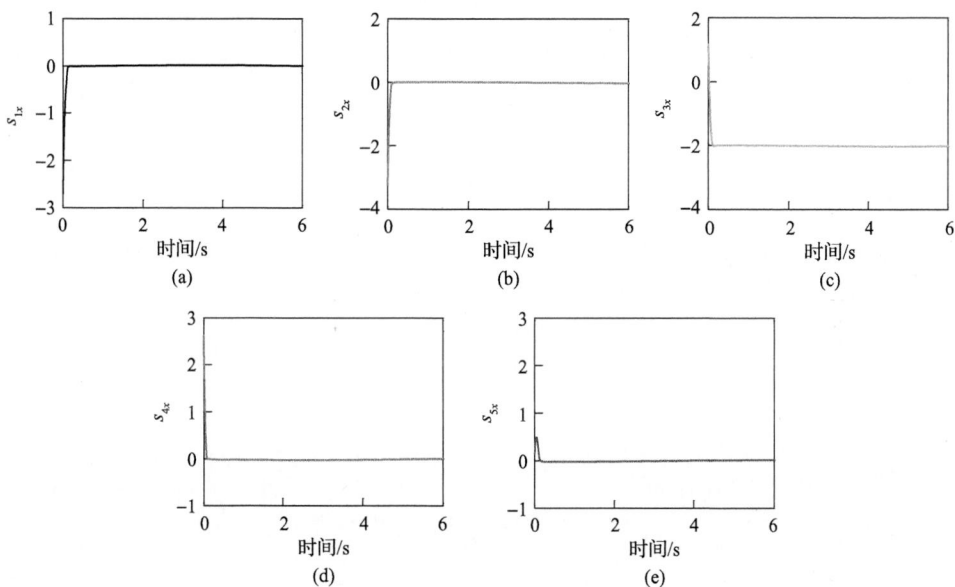

(a)　　　　　　　　　　　　(b)　　　　　　　　　　　　(c)

(d)　　　　　　　　　　　　(e)

图 5.4　滑模面(x 轴)

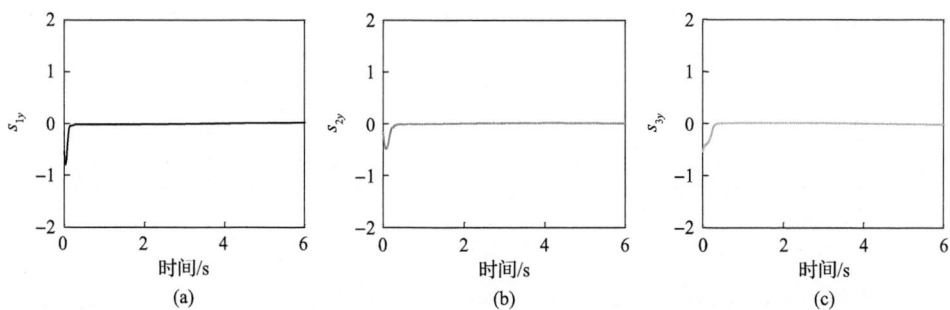

(a)　　　　　　　　　　　　(b)　　　　　　　　　　　　(c)

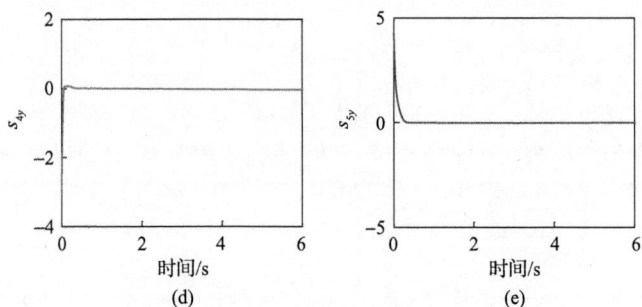

(d)　　　　　　　　　　　　(e)

图 5.5　滑模面 (y 轴)

图 5.6 为 5 个智能体分别在 $t=1\mathrm{s}$、$t=5\mathrm{s}$、$t=10\mathrm{s}$、$t=20\mathrm{s}$ 时的相对位置图，图 5.7 为智能体总体轨迹图，在连续隐私保护编队控制器 (5.11) 的作用下，5 个智能体在初始位置不同的条件下逐渐形成并保持期望的编队队形。

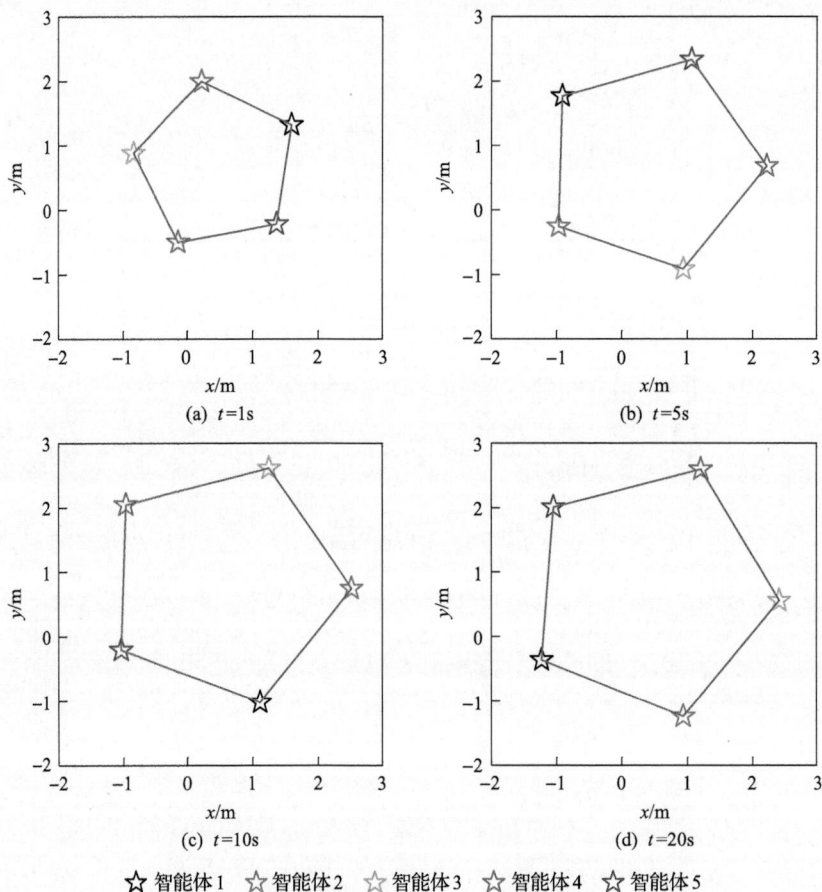

(a)　$t=1\mathrm{s}$　　　　　　　　　　(b)　$t=5\mathrm{s}$

(c)　$t=10\mathrm{s}$　　　　　　　　　(d)　$t=20\mathrm{s}$

☆ 智能体 1　☆ 智能体 2　☆ 智能体 3　☆ 智能体 4　☆ 智能体 5

图 5.6　智能体在不同时刻的位置图

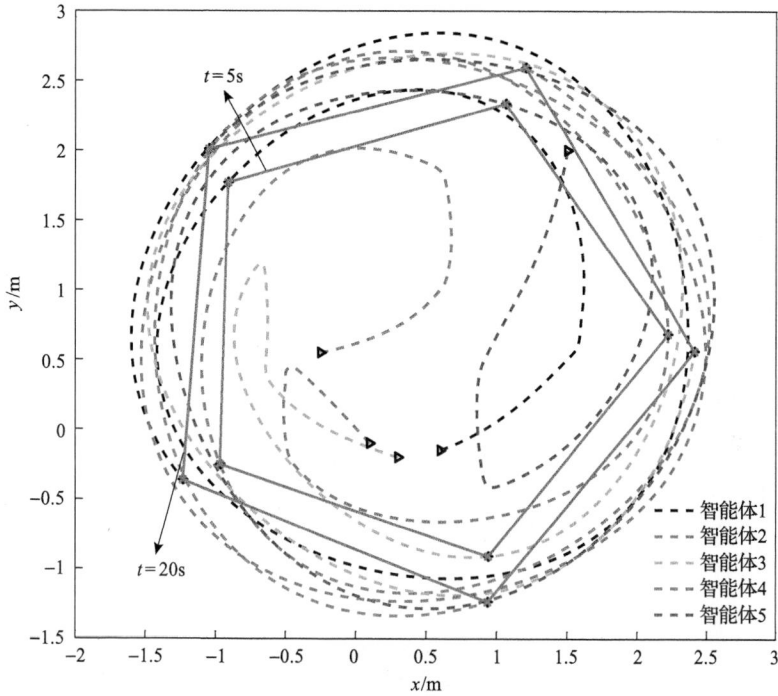

图 5.7　智能体总体轨迹图

2. 事件触发滑模隐私保护编队控制仿真

这里给出基于事件触发滑模隐私保护编队控制器(5.30)得到的仿真结果。

图 5.8 和图 5.9 为系统状态 $x_i(t)(i=1,2,3,4,5)$ 的轨迹和经过隐私掩码保护的状态 $y_i(t)(i=1,2,3,4,5)$ 的轨迹。可以看出，系统状态 $x_i(t)$ 经过隐私掩码函数的保护，初始状态发生了改变，其他智能体无法获取 $x_i(t)$ 的真实初值，实现了对系统状态初值的保护。同时可知，经过隐私掩码保护的状态 $y_i(t)$ 会随着时间衰减，最终与系统状态 $x_i(t)$ 保持一致。图 5.10 为智能体的控制输入变化曲线，只有当触发条件满足时，控制器才会更新。图 5.11 和图 5.12 为滑模面的轨迹运动变化曲线，其中 $s_i(t)=\sum_{i=1}^{N}a_{ij}(\hat{y}_i(t)-\hat{y}_j(t))$，可以看出，滑模面最终会收敛到稳态。

图 5.13 为 5 个智能体分别在 $t=1s$、$t=5s$、$t=10s$、$t=20s$ 时的相对位置图，图 5.14 为智能体总体轨迹图，在事件触发隐私保护编队控制器(5.30)作用下，5 个智能体在不同初始位置的条件下逐渐形成并保持期望的编队队形。图 5.15 为触发间隔图，触发间隔均大于零，因此无 Zeno 现象。本次数值仿真

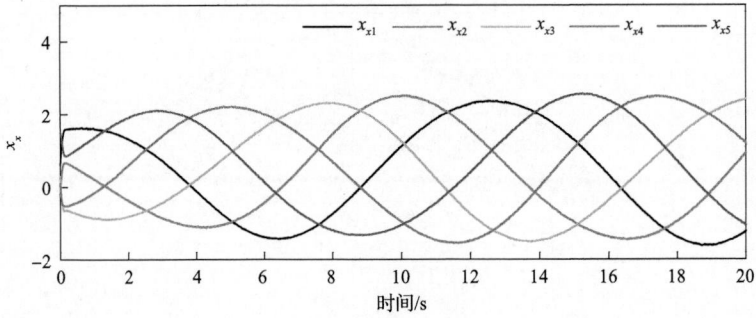

(a)

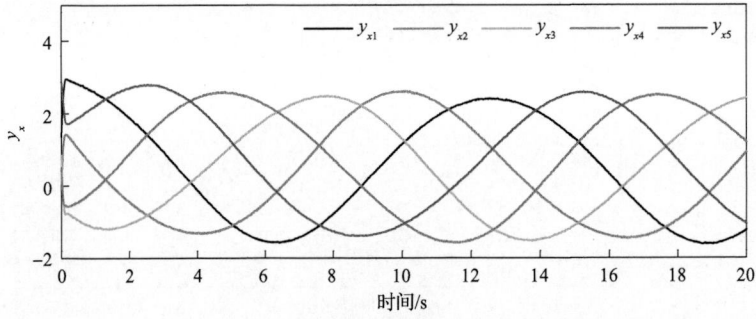

(b)

图 5.8 $x_i(t)$、$y_i(t)$ 在事件触发控制器(5.30)下的状态轨迹(x 轴)

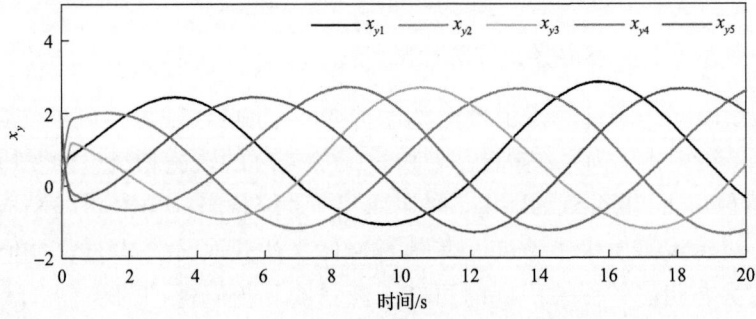

(a)

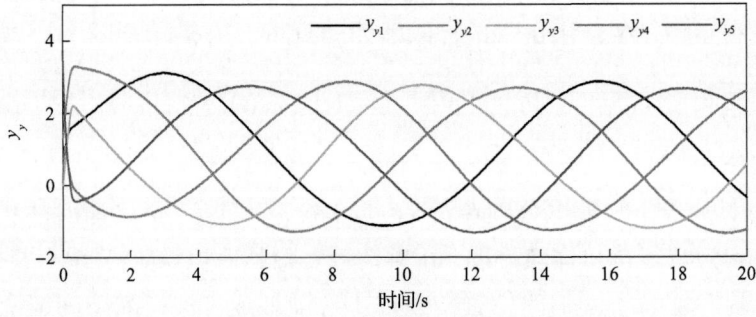

(b)

图 5.9 $x_i(t)$、$y_i(t)$ 在事件触发控制器(5.30)下的状态轨迹(y 轴)

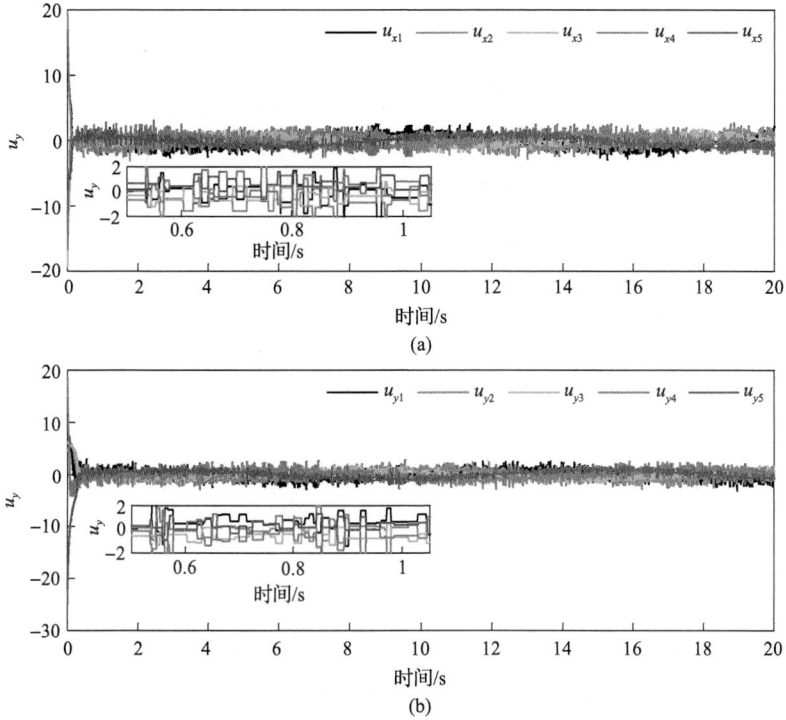

图 5.10　智能体的控制输入变化曲线

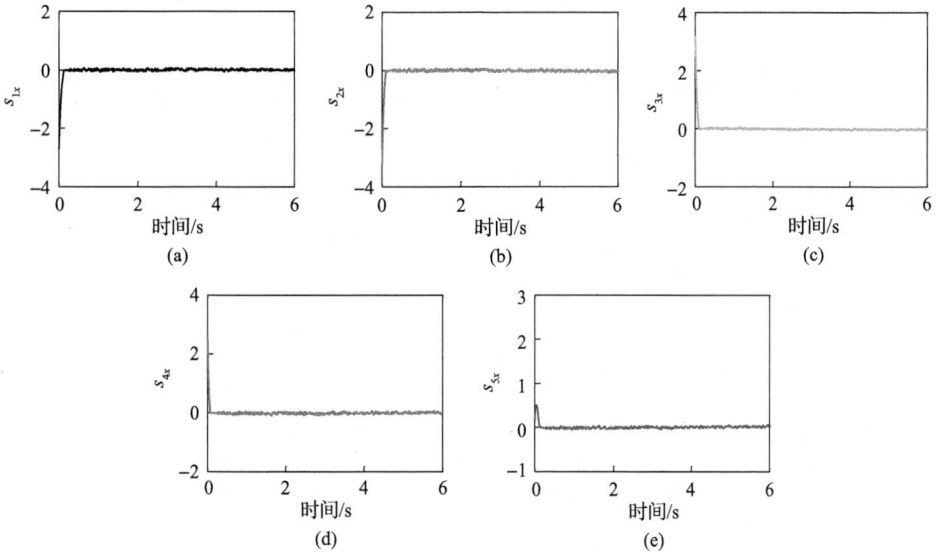

图 5.11　滑模面的轨迹运动变化曲线(x 轴)

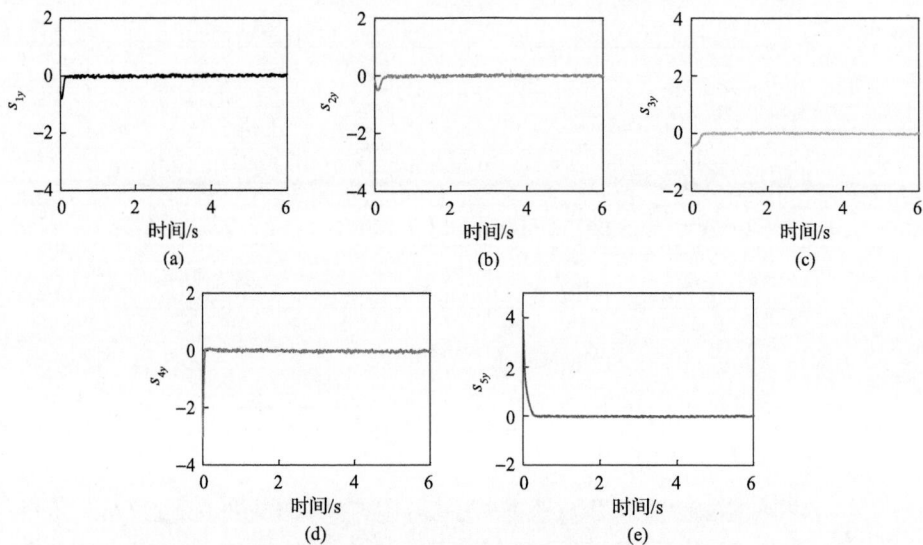

图 5.12　滑模面的轨迹运动变化曲线（y 轴）

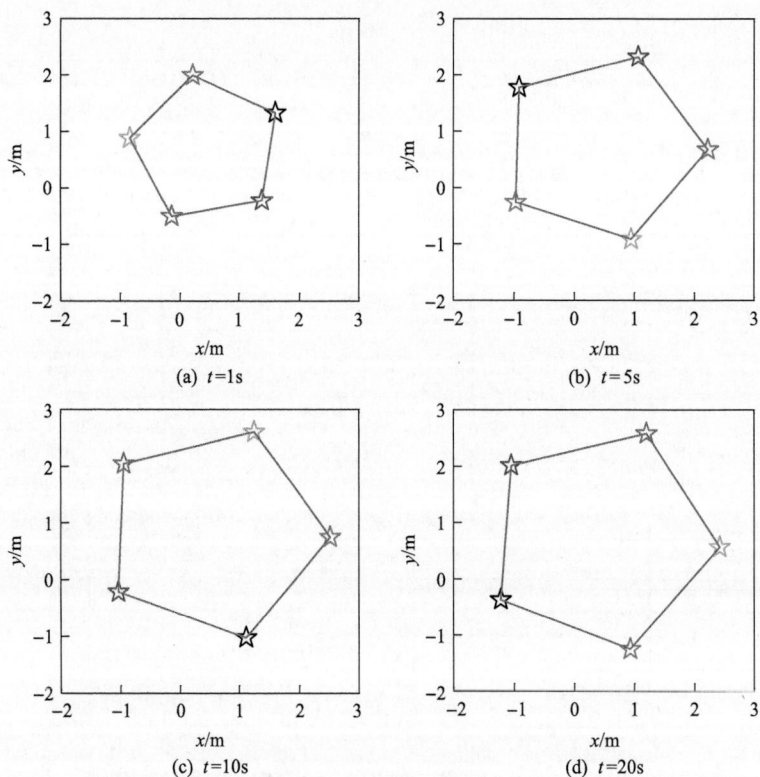

☆智能体1　☆智能体2　☆智能体3　☆智能体4　☆智能体5

图 5.13　智能体在不同时刻的位置图

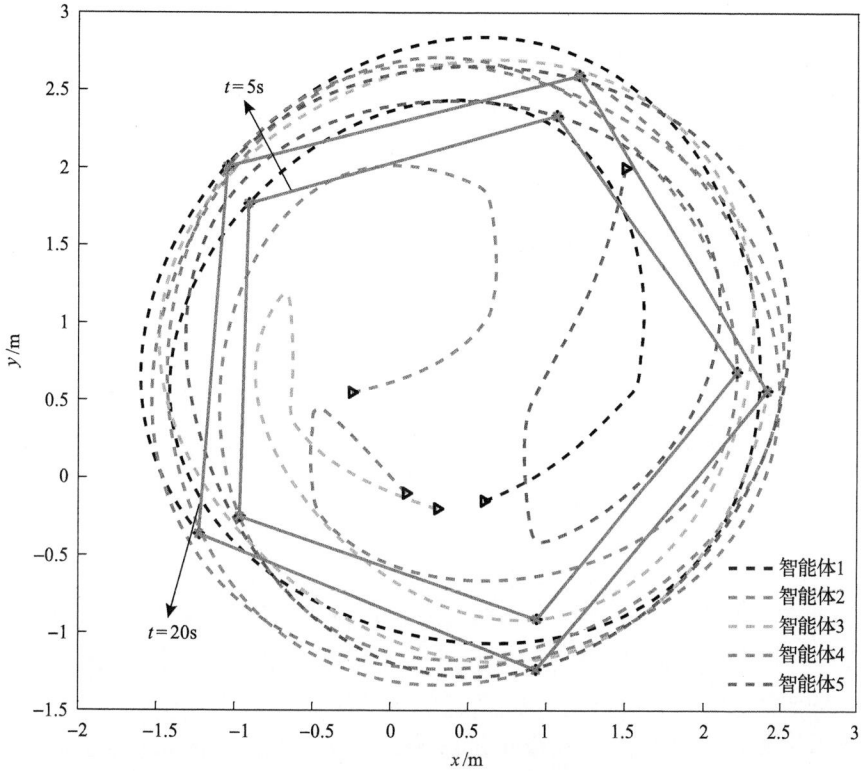

图 5.14　智能体总体轨迹图

的采样步长设置为 0.001s，采样时间为 20s，在触发条件 (5.28) 作用下，5 个智能体控制器更新次数依次为 638、643、344、649、372，可以节约 96.7% 的传输资源。

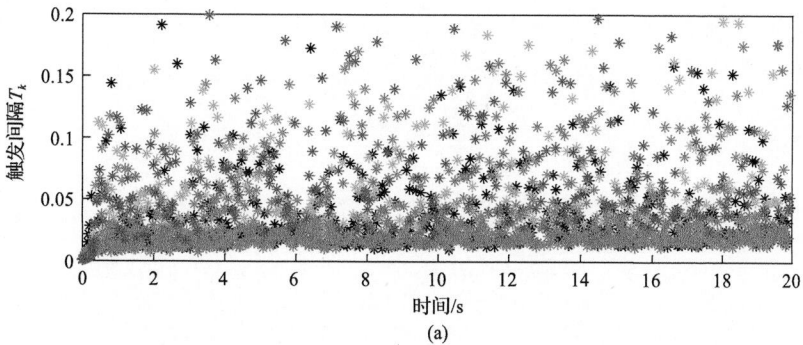

(a)

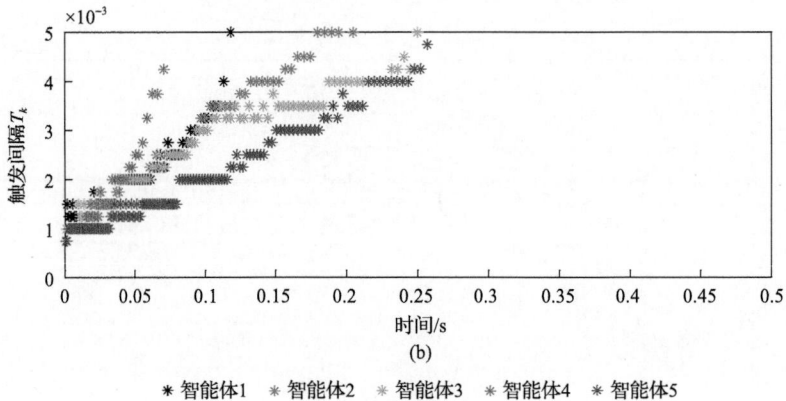

图 5.15　触发间隔图

5.4　本　章　小　结

　　本章主要研究了连续滑模隐私保护编队控制问题和事件触发滑模隐私保护编队控制问题。通过设计一个新型隐私保护输出掩码函数确保智能体的初始状态不会泄露，该隐私保护方法不同于已存在的隐私保护方法(如添加随机噪声)，能够保证多智能体系统实现精确平均编队而不是均方平均一致性。进一步，研究了事件触发滑模隐私保护编队控制方法，设计了触发阈值函数来决定控制器的更新时刻,使得多智能体控制系统状态量仅需要在某些离散的触发时间进行更新和传输，抑制扰动的同时，实现编队误差有界收敛，且保证了触发瞬间没有 Zeno 现象，即不发生连续触发。同时，基于 Lyapunov 稳定理论证明了闭环控制系统的稳定性。最后，仿真结果验证了所提出的控制方法的有效性。

第6章 网络攻击下多智能体系统事件触发编队控制

在多智能体系统中，针对通信网络的攻击通常可分为欺骗攻击和 DoS 攻击。欺骗攻击意味着破坏了数据的完整性和可靠性，而 DoS 攻击的目的是切断智能体之间的通信通道。实际上，从资源有限的角度来看，DoS 攻击相对简单，更有可能由攻击者发起。为了在存在 DoS 攻击的情况下有效利用有限的通信资源，文献[88]研究了基于事件触发策略的多智能体系统的平均一致性问题。文献[90]提出了一种混合框架，当 DoS 攻击满足一定的设计条件时，可以实现多智能体系统的安全一致性。文献[92]针对受网络攻击的多智能体系统提出了一种分布式一致性控制算法，其中攻击信号被建模为随机马尔可夫过程。考虑到周期性的 DoS 干扰攻击，在不确定的动态条件下，文献[138]讨论了多智能体系统基于事件驱动的鲁棒镇定问题。但是，上述方法没有考虑外部干扰和 DoS 攻击同时存在的情况下多智能体系统基于事件触发机制实现时变编队控制的问题。基于此，本章同时考虑外部干扰和 DoS 攻击，研究基于事件触发机制的多智能体系统时变编队轨迹的跟踪控制。

6.1 问题描述

考虑干扰条件下的连续多智能体系统的动态方程为

$$\dot{x}_i(t) = u_i(t) + d_i(t), \quad i = 1, 2, \cdots, N \tag{6.1}$$

式中，$x_i(t) \in \mathbf{R}^n$ 为第 i 个智能体的状态；$u_i(t) \in \mathbf{R}^n$ 为第 i 个智能体的控制输入；$d_i(t) \in \mathbf{R}^n$ 为外部干扰。

定义 $F(t) = [F_1^{\mathrm{T}}(t), F_2^{\mathrm{T}}(t), \cdots, F_N^{\mathrm{T}}(t)]^{\mathrm{T}}$ 为时变编队向量。本章的控制目标是在 DoS 攻击存在的情况下，通过构造分布式事件触发滑模编队控制器，使得 N 个智能体在外界干扰条件下，能够形成并维持期望的编队队形，即满足

$$\lim_{t \to \infty} \left\| z_i(t) - z_j(t) \right\|_1 \leqslant \frac{\alpha \sqrt{\varepsilon_0}}{c \left\| (L \otimes I_n) \right\|_1} + \varphi_n \tag{6.2}$$

式中，$z_i(t) = x_i(t) - F_i(t)$；$\alpha \in (0, \infty)$；$0 < \varepsilon_0 < 1$；$c > 0$；$\varphi_n > 0$。可通过调节事件触发参数 α、ε_0 和 c 使编队误差收敛到一个理想的有界范围内。

引理 6.1[61]　　如果 $\xi_1, \xi_2, \cdots, \xi_n \geqslant 0$，那么有下列不等式成立：

$$\begin{cases} \left(\sum_{i=1}^n \xi_i\right)^\mu \leqslant \left(\sum_{i=1}^n \xi_i\right)^\mu \leqslant n^{1-\mu}\left(\sum_{i=1}^n \xi_i\right)^\mu, & 0 < \mu < 1 \\ n^{1-v}\left(\sum_{i=1}^n \xi_i\right)^v \leqslant \left(\sum_{i=1}^n \xi_i\right)^v \leqslant \left(\sum_{i=1}^n \xi_i\right)^v, & v \geqslant 1 \end{cases} \tag{6.3}$$

假设 6.1　　假设时变编队向量 $F_i(t) \in \mathbf{R}^n$，$\forall i = 1, 2, \cdots, N$ 是有界的，且连续可微，满足 $\|F_i(t)\|_1 \leqslant \rho_0$，$\|\dot{F}_i(t)\|_1 \leqslant \rho_1$，其中 ρ_0 和 ρ_1 为正常数。

假设 6.2　　外部干扰 $d_i(t) \in \mathbf{R}^n$，$\forall i = 1, 2, \cdots, N$ 是有界的，满足 $\|d_i(t)\|_1 \leqslant D$，$D > 0$。

6.2　基于事件触发的多智能体系统安全编队控制

6.2.1　事件触发编队控制器设计及稳定性分析

为了避免智能体间连续通信造成的资源浪费，减少控制器的更新次数，引入事件触发机制，定义其量测误差为

$$e_i(t) = z_i(t_k^i) - z_i(t), \quad t \in [t_k^i, t_{k+1}^i); i = 1, 2, \cdots, N; k = 0, 1, 2, \cdots \tag{6.4}$$

式中，$z_i(t) = x_i(t) - F_i(t)$；t_k^i 为 $z_i(t)$ 的采样时刻。此时，设事件触发条件为

$$\|e_i(t)\|_1 \leqslant \frac{\chi(t)\alpha}{N\|L \otimes I_n\|_1 c} \tag{6.5}$$

式中，$\chi(t) = \sqrt{\varepsilon_1 \varepsilon^{-\tau t} + \varepsilon_0}$，$\varepsilon > 1$，$0 < \varepsilon_0, \varepsilon_1 < 1$，$0 \leqslant \tau \leqslant 1$；$\alpha \in (0, \infty)$；$c > 0$；$N$ 为智能体的个数。此时，触发时刻可确定为

$$t_{k+1}^i = \inf\left\{t > t_k^i : \|e_i(t)\|_1 > \frac{\chi(t)\alpha}{N\|L \otimes I_n\|_1 c}\right\} \tag{6.6}$$

定理 6.1　　考虑多智能体系统 (6.1) 满足假设 6.1 和假设 6.2 下，若无向拓

扑图 G 是连通的，且将基于事件触发机制 (6.6) 的滑模编队控制器设计为式 (6.7) 的形式，则多智能体系统可以实现期望的时变编队。

$$u_i(t) = -c\sum_{j=1}^{N} a_{ij}(z_i(t_k^i) - z_j(t_k^i)) - k\mathrm{sgn}\left(\sum_{j=1}^{N} a_{ij}(z_i(t_k^i) - z_j(t_k^i))\right), \quad t \in [t_k^i, t_{k+1}^i)$$

$$(6.7)$$

式中，$c > 0$；$k > D + \rho_1 + \alpha\chi(t) + \eta$，$\eta > 0$。

证明： 给出多智能体状态的矢量形式 $x(t) = [x_1^T(t), x_2^T(t), \cdots, x_N^T(t)]^T$，控制输入和外部干扰的矢量形式 $u(t) = [u_1^T(t), u_2^T(t), \cdots, u_N^T(t)]^T$，$d(t) = [d_1^T(t), d_2^T(t), \cdots, d_N^T(t)]^T$，编队误差的矢量形式 $z(t) = [z_1^T(t), z_2^T(t), \cdots, z_N^T(t)]^T$，则基于事件触发的滑模编队控制算法的矢量形式为

$$\begin{cases} \dot{x}(t) = u(t) + d(t) \\ u(t) = -c(L \otimes I_n)z(t_k) - k\mathrm{sgn}((L \otimes I_n)z(t_k)) \end{cases}, \quad t \in [t_k^i, t_{k+1}^i) \quad (6.8)$$

构造 Lyapunov 能量函数为

$$V(z(t)) = \frac{1}{2}z^T(t)(L \otimes I_n)z(t) \quad (6.9)$$

假设 $0 < \lambda_2 \leqslant \cdots \leqslant \lambda_N$ 为拉普拉斯矩阵 L 由小到大排列的特征值，其中 λ_2 为 L 的最小非零特征值，则有 $x^T L x \geqslant \lambda_2 x^T x$，且式 (6.9) 满足

$$2\lambda_2 V(z(t)) \leqslant ((L \otimes I_n)z(t))^T (L \otimes I_n)z(t) \leqslant 2\lambda_N V(z(t)) \quad (6.10)$$

对式 (6.9) 沿误差状态 $z(t)$ 方向求导，可得

$$\dot{V}(z(t)) = z^T(t)(L \otimes I_n)\dot{z}(t) = z^T(t)(L \otimes I_n)(u(t) + d(t) - \dot{F}(t)) \quad (6.11)$$

将式 (6.8) 中的控制器代入式 (6.11)，可得

$$\dot{V}(z(t)) = z^T(t)(L \otimes I_n)[-c(L \otimes I_n)z(t_k) - k\mathrm{sgn}((L \otimes I_n)z(t_k)) + d(t) - \dot{F}(t)]$$

$$(6.12)$$

由式 (6.4) 可得 $z_i(t_k^i) = e_i(t) + z_i(t), t \in [t_k^i, t_{k+1}^i)$，则

$$
\begin{aligned}
\dot{V}(z(t)) &= z^{\mathrm{T}}(t)(L \otimes I_n)[-c(L \otimes I_n) \cdot (e(t) + z(t)) - k\,\mathrm{sgn}((L \otimes I_n)z(t_k)) + d(t) \\
&\quad - \dot{F}(t)] \\
&= -cz^{\mathrm{T}}(t)(L \otimes I_n)(L \otimes I_n)z(t) - cz^{\mathrm{T}}(t)(L \otimes I_n)(L \otimes I_n)e(t) \\
&\quad - k \cdot z^{\mathrm{T}}(t)(L \otimes I_n)\mathrm{sgn}((L \otimes I_n)z(t_k)) + z^{\mathrm{T}}(t)(L \otimes I_n)(d(t) - \dot{F}(t))
\end{aligned}
\tag{6.13}
$$

式中，$e(t) = [e_1^{\mathrm{T}}(t), e_2^{\mathrm{T}}(t), \cdots, e_N^{\mathrm{T}}(t)]^{\mathrm{T}}$；$z(t_k) = [z_1^{\mathrm{T}}(t_k^1), z_2^{\mathrm{T}}(t_k^2), \cdots, z_N^{\mathrm{T}}(t_k^n)]^{\mathrm{T}}$。由式 (6.10) 可得

$$
-cz^{\mathrm{T}}(t)(L \otimes I_n)(L \otimes I_n)z(t) \leqslant -2c\lambda_2 V(z(t))
\tag{6.14}
$$

在系统轨迹穿越滑模面之前，始终有 $\mathrm{sgn}((L \otimes I_n)z(t_k)) = \mathrm{sgn}((L \otimes I_n)z(t))$ 成立。因此，式 (6.13) 可写为

$$
\begin{aligned}
\dot{V}(z(t)) &\leqslant -2c\lambda_2 V(z(t)) + c\|(L \otimes I_n)z(t)\|_1 \|L \otimes I_n\|_1 \|e(t)\|_1 \\
&\quad - k\|(L \otimes I_n)z(t)\|_1 + (D + \rho_1)\|(L \otimes I_n)z(t)\|_1
\end{aligned}
\tag{6.15}
$$

由 $\|e(t)\|_1 = \sum\limits_{i=1}^{N} \|e_i(t)\|_1 \leqslant \dfrac{\chi(t)\alpha}{c\|L \otimes I_n\|_1}$ 可知，当 $k > D + \rho_1 + \alpha\chi(t) + \eta$ 时，有

$$
\begin{aligned}
\dot{V}(z(t)) &\leqslant -2c\lambda_2 V(z(t)) - \eta\|(L \otimes I_n)z(t)\|_1 \\
&\leqslant -2c\lambda_2 V(z(t))
\end{aligned}
\tag{6.16}
$$

由式 (6.16) 可知 $\lim\limits_{t \to \infty} V(z(t))$ 存在，对其两边同时积分可得

$$
\mu_0 \int_0^{\infty} V(z(t))\,\mathrm{d}t \leqslant V(0) - V(\infty)
\tag{6.17}
$$

式中，$\mu_0 = 2c\lambda_2$，基于 Barbalat 引理，当 $t \to \infty$ 时，有 $V(z(t)) \to 0$，即

$$
\lim_{t \to \infty} \|z_i(t) - z_j(t)\|_1 = 0
\tag{6.18}
$$

然而，当系统轨迹穿越滑模面时，$\mathrm{sgn}((L \otimes I_n)z(t_k)) = \mathrm{sgn}((L \otimes I_n)z(t))$ 在 $t \in [t_k^i, t_{k+1}^i)$ 不恒成立，此时式 (6.12) 干扰部分不能用滑模项进行鲁棒处理。在这种条件下，需要求得 $(L \otimes I_n)z(t)$ 收敛的最大界限，且 $(L \otimes I_n)z(t)$ 始终保持在该界限内。当 $(L \otimes I_n)z(t)$ 的运动轨迹到达 $(L \otimes I_n)z(t) = 0$ 时，如果不更新控制信号，它将越过 $(L \otimes I_n)z(t) = 0$，并且轨迹会远离 $(L \otimes I_n)z(t) = 0$，同时收

敛误差也会增加，这会在某个时刻触发事件控制器，更新后的控制信号将轨迹再次推向 $(L \otimes I_n)z(t) = 0$ 。因此，在 $(L \otimes I_n)z(t)$ 附近触发间隔内的滑动轨迹的最大偏差估计为

$$\begin{aligned}
\left\|(L \otimes I_n)z(t_k) - (L \otimes I_n)z(t)\right\|_1 &= \left\|(L \otimes I_n)e(t)\right\|_1 \\
&\leqslant \|L \otimes I_n\|_1 \|e(t)\|_1 \\
&\leqslant \frac{\chi(t)\alpha}{c}
\end{aligned} \tag{6.19}$$

令 $(L \otimes I_n)z(t_k) = 0$ ，可得编队误差运动轨迹的最大边界为

$$\|z(t)\|_1 \leqslant \frac{\alpha\chi(t)}{c\|L \otimes I_n\|_1} \tag{6.20}$$

由于 $\left\|(x_i(t) - F_i(t)) - (x_j(t) - F_j(t))\right\|_1 \leqslant \|x_i(t) - F_i(t)\|_1 + \|x_j(t) - F_j(t)\|_1 \leqslant \|z(t)\|_1$ ，因此

$$\lim_{t \to \infty} \|z_i(t) - z_j(t)\|_1 \leqslant \frac{\alpha\sqrt{\varepsilon_0}}{c\|(L \otimes I_n)\|_1} \tag{6.21}$$

即可通过调节参数 α 、 ε_0 和 c 使编队误差收敛到一个理想的界限内。定理 6.1证毕。

定理 6.2　考虑多智能体系统 (6.1) 及事件触发编队控制器 (6.7)，在假设6.1 和假设 6.2 成立的条件下，由事件触发机制 (6.6) 定义的触发间隔常数 $T_i = t_{k+1}^i - t_k^i$ 的下界是一个正值，满足

$$T_i = t_{k+1}^i - t_k^i \geqslant \frac{1}{c}\ln\left(1 + \frac{\sqrt{\varepsilon_0}\alpha}{N\|L \otimes I_n\|_1 \Delta}\right) > 0 \tag{6.22}$$

式中， $\Delta = c\left\|\sum_{j=1}^{N} a_{ij}(z_i(t_k^i) - z_j(t_k^i))\right\|_1 + k + D + \rho_1$ 。

证明：当 $t \in [t_k^i, t_{k+1}^i)$ 时，有

$$\frac{\mathrm{d}}{\mathrm{d}t}\|e_i(t)\|_1 \leqslant \|\dot{e}_i(t)\|_1 = \|\dot{z}_i(t)\|_1 = \|\dot{x}_i(t) - \dot{F}_i(t)\|_1 \leqslant \|\dot{x}_i(t)\|_1 + \|\dot{F}_i(t)\|_1 \tag{6.23}$$

将控制器 (6.7) 代入式 (6.23)，可得

$$
\begin{aligned}
\frac{\mathrm{d}}{\mathrm{d}t}\|e_i(t)\|_1 &\leqslant c\|e_i(t)\|_1 + \|u_i(t)\|_1 + \|d_i(t)\|_1 + \|\dot{F}_i(t)\|_1 \\
&\leqslant c\|e_i(t)\|_1 + c\left\|\sum_{j=1}^{N} a_{ij}(z_i(t_k^i) - z_j(t_k^i))\right\|_1 + k + D + \rho_1 \quad (6.24) \\
&\leqslant c\|e_i(t)\|_1 + \Delta
\end{aligned}
$$

式中，$\Delta = c\left\|\sum\limits_{j=1}^{N} a_{ij}(z_i(t_k^i) - z_j(t_k^i))\right\|_1 + k + D + \rho_1$。由于 $e_i(t_k^i) = z_i(t_k^i) - z_i(t_k^i) = 0$，因此求解不等式 (6.24) 可得

$$
\|e_i(t)\|_1 \leqslant \int_{t_k^i}^{t} \mathrm{e}^{c(t-\tau)} \Delta \mathrm{d}\tau = -\frac{\Delta}{c}\mathrm{e}^{c(t-\tau)}\Big|_{t_k^i}^{t} = \frac{\Delta}{c}[\mathrm{e}^{c(t-t_k^i)} - 1] \quad (6.25)
$$

式中，$t \in [t_k^i, t_{k+1}^i)$。因此，触发间隔常数 $T_i = t_{k+1}^i - t_k^i$ 满足

$$
T_i = t_{k+1}^i - t_k^i \geqslant \frac{1}{c}\ln\left(1 + \frac{c\|e_i(t_{k+1}^i)\|_1}{\Delta}\right) \quad (6.26)
$$

由触发机制可知，$\|e_i(t)\|_1 > \dfrac{\chi(t)\alpha}{N\|L \otimes I_n\|_1 c} \geqslant \dfrac{\sqrt{\varepsilon_0}\,\alpha}{N\|L \otimes I_n\|_1 c}$，求解 T_i 可得

$$
T_i = t_{k+1}^i - t_k^i \geqslant \frac{1}{c}\ln\left(1 + \frac{\sqrt{\varepsilon_0}\,\alpha}{N\|L \otimes I_n\|_1 \Delta}\right) > 0 \quad (6.27)
$$

定理 6.2 得证。

6.2.2　周期 DoS 攻击下事件触发安全编队控制

DoS 攻击的存在给多智能体系统的编队控制带来了困难，也为触发机制的设计带来了挑战。基于此，本节在事件触发机制 (6.6) 的基础上进行改进，既能减少控制器的更新次数，又能完成期望的编队控制目标。

DoS 攻击策略图如图 6.1 所示，其中浅色通信区域为 $\Pi_s = [(n-1)T, (n-1)T + T_{\mathrm{off}})$，$n = 1, 2, \cdots$，深色攻击区域为 $\Pi_a = [(n-1)T + T_{\mathrm{off}}, nT)$。在通信区域内，DoS 攻击不起作用，此时智能体之间可进行信息交换。相反，在攻击区域内，DoS 攻击处于活跃状态，智能体间的数据传输被迫中断，控制器无法及时更新。T_{off} 为攻击时刻，$T_{\mathrm{off}}^{\mathrm{cr}}$ 是 T_{off} 的下界，即 $T_{\mathrm{off}}^{\mathrm{cr}} \leqslant T_{\mathrm{off}}$。该 DoS 攻击是一种

周期性的攻击，且我们认为 T 和 $T_{\text{off}}^{\text{cr}}$ 都是已知的。这里考虑最坏的情况，即 $T_{\text{off}}^{\text{cr}} = T_{\text{off}}$ 对所有周期 $nT(n=1,2,\cdots)$ 成立。

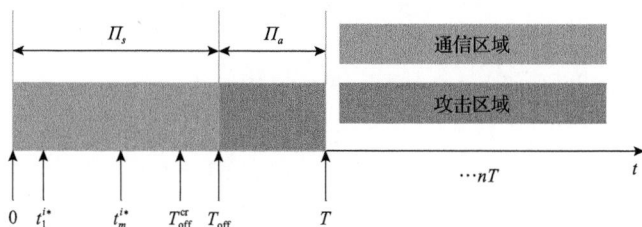

图 6.1　DoS 攻击策略图

　　为了在 DoS 攻击存在的情况下实现多智能体编队控制，本节在式(6.6)的基础上提出一种改进的事件触发机制，即

$$t_{k+1,n}^{i*} = \left\{ t\, 满足式(6.6)\,|\,t \in \pi_s \right\} \cup \left\{ nT \right\} \tag{6.28}$$

式中，$\pi_s = [(n-1)T,\,(n-1)T + T_{\text{off}}^{\text{cr}})$；$n$ 为攻击周期；$k = 0,1,2,\cdots$。

　　首先分析第一个周期的稳定性，第一个周期 $t \in [0,T)$ 可分为通信区域 $[0,T_{\text{off}}^{\text{cr}})$ 和攻击区域 $[T_{\text{off}}^{\text{cr}},T)$。在通信区域 $[0,T_{\text{off}}^{\text{cr}})$，定义 t_m^{i*} 为智能体 i 的最后一次触发时刻且 $[t_q^{i*},t_{q+1}^{i*})$ 是由事件触发机制(6.28)产生的触发序列。值得注意的是，$0 \leqslant t_q^{i*},t_{q+1}^{i*} \leqslant t_m^{i*} \leqslant T_{\text{off}}^{\text{cr}}$。此时，继续选用事件触发编队控制器(6.7)，构造 Lyapunov 能量函数同式(6.9)，由式(6.13)可得

$$
\begin{aligned}
\dot{V}(z(t)) &= z^{\text{T}}(t)(L \otimes I_n)[-c(L \otimes I_n)(e(t) + z(t)) - k\text{sgn}((L \otimes I_n)z(t_q^*)) + d(t) \\
&\quad - \dot{F}(t)] \\
&= -cz^{\text{T}}(t)(L \otimes I_n)(L \otimes I_n)z(t) - cz^{\text{T}}(t)(L \otimes I_n)(L \otimes I_n)e(t) \\
&\quad - k \cdot z^{\text{T}}(t)(L \otimes I_n)\text{sgn}((L \otimes I_n)z(t_q^*)) + z^{\text{T}}(t)(L \otimes I_n)(d(t) - \dot{F}(t))
\end{aligned}
\tag{6.29}
$$

　　若 $\text{sgn}((L \otimes I_n)z(t_q^*)) = \text{sgn}((L \otimes I_n)z(t))$，则根据引理 6.1 有

$$
\begin{aligned}
\dot{V}(z(t)) &\leqslant -2c\lambda_2 V(z(t)) - \eta \|(L \otimes I_n)z(t)\|_1 \\
&\leqslant -\eta \|(L \otimes I_n)z(t)\|_2 \\
&\leqslant -\eta \sqrt{2\lambda_2} V^{\frac{1}{2}}(z(t))
\end{aligned}
\tag{6.30}
$$

整理式 (6.30)，有

$$V^{-\frac{1}{2}}(t)\mathrm{d}V(t) \leqslant -\sqrt{2\lambda_2}\,\eta\;\mathrm{d}t \tag{6.31}$$

式 (6.31) 两边同时对 $[0, T_{\text{off}}^{\text{cr}})$ 取积分，可得

$$V^{\frac{1}{2}}(T_{\text{off}}^{\text{cr}}) \leqslant -\frac{\sqrt{2\lambda_2}}{2}\eta T_{\text{off}}^{\text{cr}} + V^{\frac{1}{2}}(0) \tag{6.32}$$

式中，$\eta > 0$；$T_{\text{off}}^{\text{cr}} > 0$，且有 $V(T_{\text{off}}^{\text{cr}}) < V(0)$。

接下来讨论系统在攻击区域 $[T_{\text{off}}^{\text{cr}}, T)$ 的稳定性。在此区域内，智能体间的通信被迫中断，控制器的值将维持在通信区域内最后一次触发时刻的值保持不变。因此，需要讨论误差 $z(t)$ 在攻击区域内的上界。针对系统

$$\dot{z}(t) = \dot{x}(t) - \dot{F}(t) = -c(L \otimes I_n)z(t_m^*) - k\text{sgn}((L \otimes I_n)z(t_m^*)) + d(t) - \dot{F}(t) \tag{6.33}$$

两边同时积分，可得

$$\int_{T_{\text{off}}^{\text{cr}}}^{t} \dot{z}(\tau)\,\mathrm{d}\tau = \int_{T_{\text{off}}^{\text{cr}}}^{t} (-c(L \otimes I_n)z(t_m^*) - k\text{sgn}((L \otimes I_n)z(t_m^*)) + d(\tau) - \dot{F}(\tau))\mathrm{d}\tau \tag{6.34}$$

式中，$t \in [T_{\text{off}}^{\text{cr}}, T)$。整理式 (6.34)，有

$$\left\| z(t) - z(T_{\text{off}}^{\text{cr}}) \right\|_1 \leqslant \left[c\left\|(L \otimes I_n)z(t_m^*)\right\|_1 + k + D + \rho_1 \right](t - T_{\text{off}}^{\text{cr}}) \tag{6.35}$$

式中，$z(t_m^*) = [z_1^{\text{T}}(t_m^{1*}), z_2^{\text{T}}(t_m^{2*}), \cdots, z_i^{\text{T}}(t_m^{i*}), \cdots, z_N^{\text{T}}(t_m^{n*})]^{\text{T}}$；$t_m^{i*}$ 为智能体 i 在通信区域 $[0, T_{\text{off}}^{\text{cr}})$ 最后一次触发时刻。由式 (6.20) 及 $\chi(t) \leqslant \sqrt{\varepsilon_1 + \varepsilon_0}$ 可知，$\left\|(L \otimes I_n)z(t_m^*)\right\|_1 \leqslant \left(\alpha\sqrt{\varepsilon_0 + \varepsilon_1}\right)/c$。此时，式 (6.35) 在 $t = T$ 时的解为

$$\left\| z(T) \right\|_1 \leqslant \left\| z(T_{\text{off}}^{\text{cr}}) \right\|_1 + \varphi \tag{6.36}$$

式中，$\varphi = (\alpha\sqrt{\varepsilon_0 + \varepsilon_1} + k + D + \rho_1)(T - T_{\text{off}}^{\text{cr}})$。

基于条件 $\text{sgn}((L \otimes I_n)z(t)) = \text{sgn}((L \otimes I_n)z(t_q^*))$，$t \in [0, T_{\text{off}}^{\text{cr}})$，下面给出定理 6.3，确保多智能体系统在 DoS 攻击下可实现时变编队控制。

定理 6.3　假设无向拓扑图 G 是连通的，基于假设 6.1 和假设 6.2，若系统参数满足以下不等式，则称多智能体系统在 DoS 攻击下可实现时变编队控制，即

$$0 \leqslant \sqrt{\lambda_2}\eta T_{\mathrm{off}}^{\mathrm{cr}} - \sqrt{\lambda_N}\varphi < 2\sqrt{2}V^{\frac{1}{2}}(0) \tag{6.37}$$

式中，$\varphi = (\alpha\sqrt{\varepsilon_0 + \varepsilon_1} + k + D + \rho_1)(T - T_{\mathrm{off}}^{\mathrm{cr}})$。

证明： 根据式 (6.36)，式 (6.9) 在 $t = T$ 时可写为

$$\begin{aligned}
V(T) &\leqslant \frac{1}{2}\lambda_N z^{\mathrm{T}}(T)z(T) \\
&\leqslant \frac{1}{2}\lambda_N \left\| z(T) \right\|_1^2 \\
&\leqslant \frac{1}{2}\lambda_N \left\| z(T_{\mathrm{off}}^{\mathrm{cr}}) \right\|_1^2 + \frac{1}{2}\lambda_N\varphi^2 + \lambda_N\varphi \left\| z(T_{\mathrm{off}}^{\mathrm{cr}}) \right\|_1
\end{aligned} \tag{6.38}$$

由式 (6.32) 给出的保守上界为

$$\frac{\sqrt{2\lambda_N}}{2}\left\| z(T_{\mathrm{off}}^{\mathrm{cr}}) \right\|_1 \leqslant -\frac{\sqrt{2\lambda_2}}{2}\eta T_{\mathrm{off}}^{\mathrm{cr}} + V^{\frac{1}{2}}(0) \tag{6.39}$$

将式 (6.39) 代入式 (6.38)，可得

$$\begin{aligned}
V(T) &\leqslant \frac{1}{2}\lambda_N \left\| z(T_{\mathrm{off}}^{\mathrm{cr}}) \right\|_1^2 + \frac{1}{2}\lambda_N\varphi^2 + \lambda_N\varphi \left\| z(T_{\mathrm{off}}^{\mathrm{cr}}) \right\|_1 \\
&\leqslant V(0) + \frac{1}{2}(\sqrt{\lambda_2}\eta T_{\mathrm{off}}^{\mathrm{cr}} - \sqrt{\lambda_N}\varphi)^2 - \sqrt{2}(\sqrt{\lambda_2}\eta T_{\mathrm{off}}^{\mathrm{cr}} - \sqrt{\lambda_N}\varphi)V^{\frac{1}{2}}(0) \\
&\leqslant V(0)\left(1 + \frac{\frac{1}{2}(\sqrt{\lambda_2}\eta T_{\mathrm{off}}^{\mathrm{cr}} - \sqrt{\lambda_N}\varphi)^2}{V(0)} - \frac{\sqrt{2}(\sqrt{\lambda_2}\eta T_{\mathrm{off}}^{\mathrm{cr}} - \sqrt{\lambda_N}\varphi)}{V^{\frac{1}{2}}(0)}\right)
\end{aligned} \tag{6.40}$$

由归纳法可得

$$V(nT) \leqslant V(0)\left(1 + \frac{\frac{1}{2}(\sqrt{\lambda_2}\eta T_{\mathrm{off}}^{\mathrm{cr}} - \sqrt{\lambda_N}\varphi)^2}{V(0)} - \frac{\sqrt{2}(\sqrt{\lambda_2}\eta T_{\mathrm{off}}^{\mathrm{cr}} - \sqrt{\lambda_N}\varphi)}{V^{\frac{1}{2}}(0)}\right)^n \tag{6.41}$$

根据条件(6.37)可知

$$0 \leqslant 1 + \frac{\frac{1}{2}(\sqrt{\lambda_2}\eta T_{\text{off}}^{\text{cr}} - \sqrt{\lambda_N}\varphi)^2}{V(0)} - \frac{\sqrt{2}(\sqrt{\lambda_2}\eta T_{\text{off}}^{\text{cr}} - \sqrt{\lambda_N}\varphi)}{V^{\frac{1}{2}}(0)} < 1 \quad (6.42)$$

则可以推断出 $\lim\limits_{n \to \infty} V(nT) = 0$。定理 6.3 证毕。

若 $\text{sgn}((L \otimes I_n)z(t)) \neq \text{sgn}((L \otimes I_n)z(t_q^*))$, $t \in [0, T_{\text{off}}^{\text{cr}})$,则式(6.30)~式(6.32) 及定理 6.3 的分析不成立。然而,限于触发条件(6.5),编队误差轨迹只会增加到一定界限内。令触发条件(6.5)在 $[t_q^{i*}, t_{q+1}^{i*}]$ 上继续成立,根据定理 6.1 证明过程中对式(6.19)~式(6.21)的分析,有

$$\|(L \otimes I_n)z(t)\|_1 \leqslant \frac{\alpha\chi(t)}{c} \quad (6.43)$$

式中, $t \in [0, T_{\text{off}}^{\text{cr}})$,由式(6.43)所得到的结论同样适用于 $t \in [(n-1)T, (n-1)T + T_{\text{off}}^{\text{cr}})$ 。对式(6.34)~式(6.36)采用归纳法,可得

$$\|z(nT)\|_1 \leqslant \|z((n-1)T + T_{\text{off}}^{\text{cr}})\|_1 + \left[c\|(L \otimes I_n)z(t_{m,n}^*)\|_1 + k + D + \rho_1 \right](T - T_{\text{off}}^{\text{cr}})$$

$$(6.44)$$

根据式(6.43)可知

$$\lim_{n \to \infty} \|z(nT)\|_1 \leqslant \lim_{n \to \infty} \frac{\chi((n-1)T + T_{\text{off}}^{\text{cr}})\alpha}{c\|L \otimes I_n\|_1} + \left(\lim_{n \to \infty} \chi(t_{m,n}^*)\alpha + k + D + \rho_1\right)(T - T_{\text{off}}^{\text{cr}})$$

$$\leqslant \frac{\alpha\sqrt{\varepsilon_0}}{c\|(L \otimes I_n)\|_1} + \varphi_n$$

$$(6.45)$$

即

$$\lim_{t \to \infty} \|z_i(t) - z_j(t)\|_1 \leqslant \frac{\alpha\sqrt{\varepsilon_0}}{c\|(L \otimes I_n)\|_1} + \varphi_n \quad (6.46)$$

式中, $\varphi_n = (\alpha\sqrt{\varepsilon_0} + k + D + \rho_1)(T - T_{\text{off}}^{\text{cr}})$ 。此时,通过调整参数 α 、 ε_0 、 c 和 k , 可使多智能体系统完成期望的编队控制。本章的控制目标得以实现。

6.3　仿　真　验　证

下面提供仿真示例以验证理论结果。无向通信拓扑图由图 2.1 给出，该系统由式 (6.1) 描述的 5 个智能体组成，其中 $c = 3$，$k = 3$，触发机制的参数设置为 $\alpha = 2$，$\varepsilon = 2$，$\tau = 0.5$，$\varepsilon_0 = 0.8$，$\varepsilon_1 = 0.5$，干扰 $d_i(t) = [0.1\sin t,\ 0.1\sin t]^T$，$i = 1,2,3,4,5$。取非零邻接矩阵系数为 $a_{ij} = 1$，且邻接矩阵 A 和拉普拉斯矩阵 L 设置为

$$A = \begin{bmatrix} 0 & 1 & 0 & 1 & 0 \\ 1 & 0 & 1 & 0 & 0 \\ 0 & 1 & 0 & 0 & 0 \\ 1 & 0 & 0 & 0 & 1 \\ 0 & 0 & 0 & 1 & 0 \end{bmatrix}, \quad L = \begin{bmatrix} 2 & -1 & 0 & -1 & 0 \\ -1 & 2 & -1 & 0 & 0 \\ 0 & -1 & 1 & 0 & 0 \\ -1 & 0 & 0 & 2 & -1 \\ 0 & 0 & 0 & -1 & 1 \end{bmatrix}$$

定义多智能体系统期望的时变编队形式为

$$F_i(t) = \begin{bmatrix} 3\cos(0.5t + 2(i-1)\pi/5) \\ 3\sin(0.5t + 2(i-1)\pi/5) \end{bmatrix}, \quad i = 1,2,3,4,5$$

五个智能体的初始状态选择为 $x_1(0) = [0.5, -1]^T$，$x_2(0) = [-1, 0.6]^T$，$x_3(0) = [0.3, -0.2]^T$，$x_4(0) = [1,1]^T$，$x_5(0) = [2,2]^T$。

假设攻击周期 $T = 1$，攻击时刻 $T_{\text{off}}^{\text{cr}} = 0.9$，此时通信区域为 $t \in [(n-1), (n-1) + 0.9)$，攻击区域为 $t \in [(n-1) + 0.9, n)$，$n = 1,2,\cdots,20$。图 6.2 为 DoS 攻击下系统状态 $x_i(t)$ 的轨迹。DoS 攻击下智能体的控制输入如图 6.3 所示。受 DoS 攻击的影响，当 $t \in [(n-1) + 0.9, n)$ 时，智能体间的数据传输被迫中断，此时控制器 (6.7) 无法更新。然而，当 $t = n$ 时，控制器会立刻更新并进入下一个攻击周期。图 6.4 和图 6.5 为滑模面的轨迹运动变化曲线，其中 $s_i(t) = \sum_{i=1}^{N} a_{ij}(z_i(t) - z_j(t))$，可以看出滑模面最终会收敛到稳态。

图 6.6 为 5 个智能体分别在 $t = 1\text{s}$、$t = 5\text{s}$、$t = 10\text{s}$、$t = 20\text{s}$ 时的相对位置图，图 6.7 为多智能体系统轨迹图。可以看出，尽管受到 DoS 攻击的干扰，但是通过改进触发机制，在事件触发编队控制器 (6.7) 的作用下，5 个智能体在不同初始位置的条件下依然能逐渐形成并保持期望的编队队形。图 6.8 为触发间隔图，触发间隔均大于零，因此无 Zeno 现象。

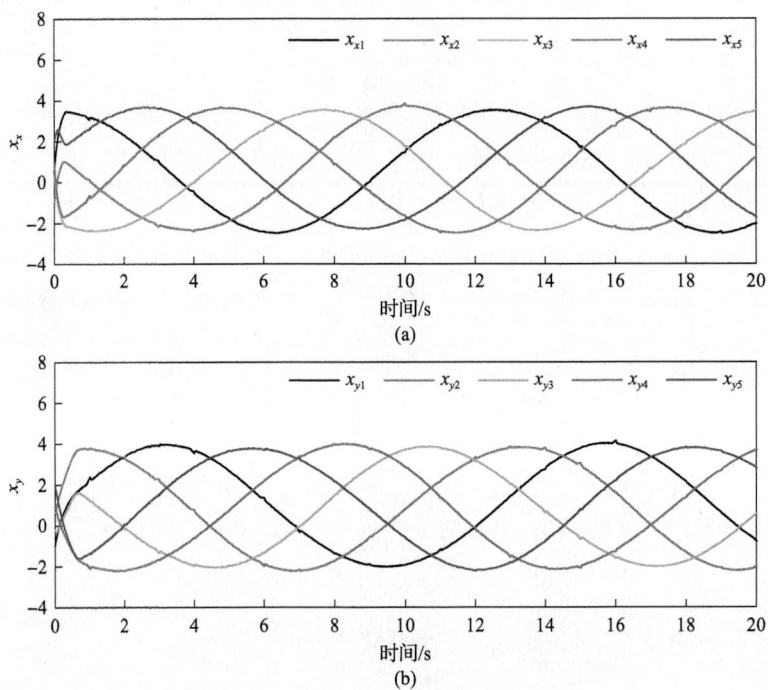

图 6.2　DoS 攻击下状态 $x_i(t)$ 的轨迹

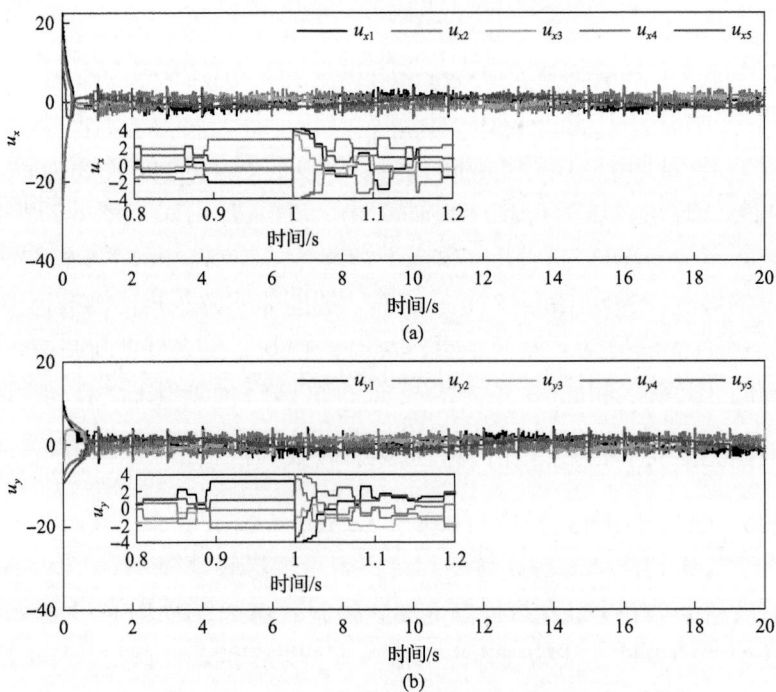

图 6.3　DoS 攻击下智能体的控制输入

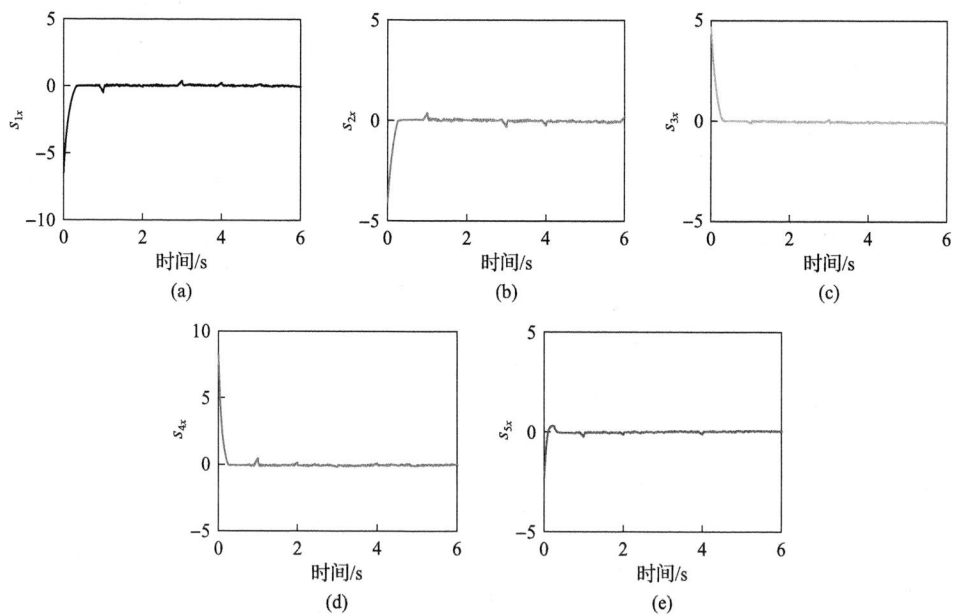

图 6.4　滑模面(x轴)

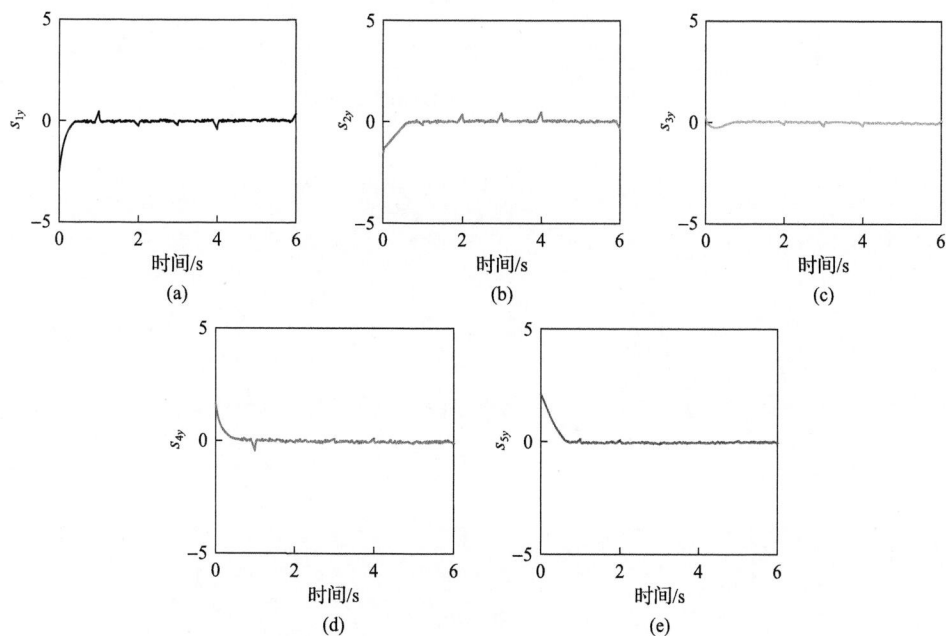

图 6.5　滑模面(y轴)

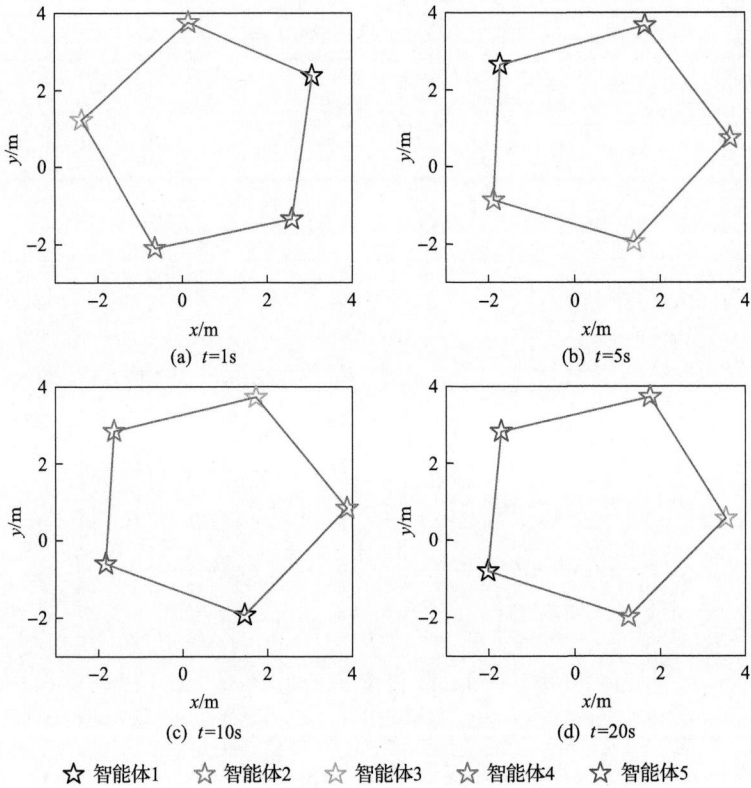

(a) $t=1\mathrm{s}$

(b) $t=5\mathrm{s}$

(c) $t=10\mathrm{s}$

(d) $t=20\mathrm{s}$

☆ 智能体1   ☆ 智能体2   ☆ 智能体3   ☆ 智能体4   ☆ 智能体5

图 6.6   智能体在不同时刻的位置图

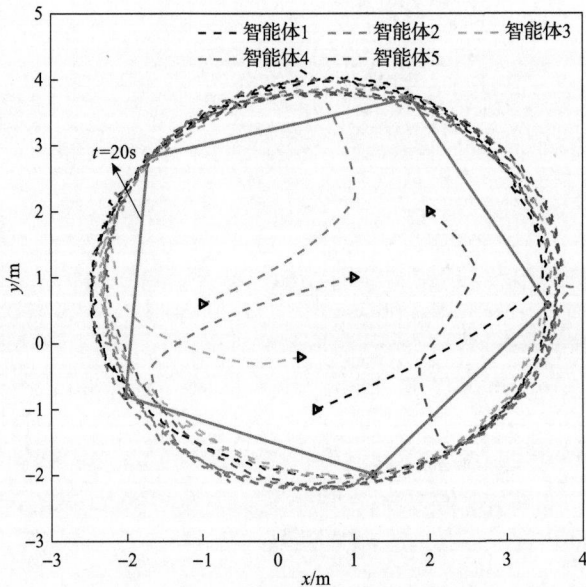

图 6.7   多智能体系统轨迹图

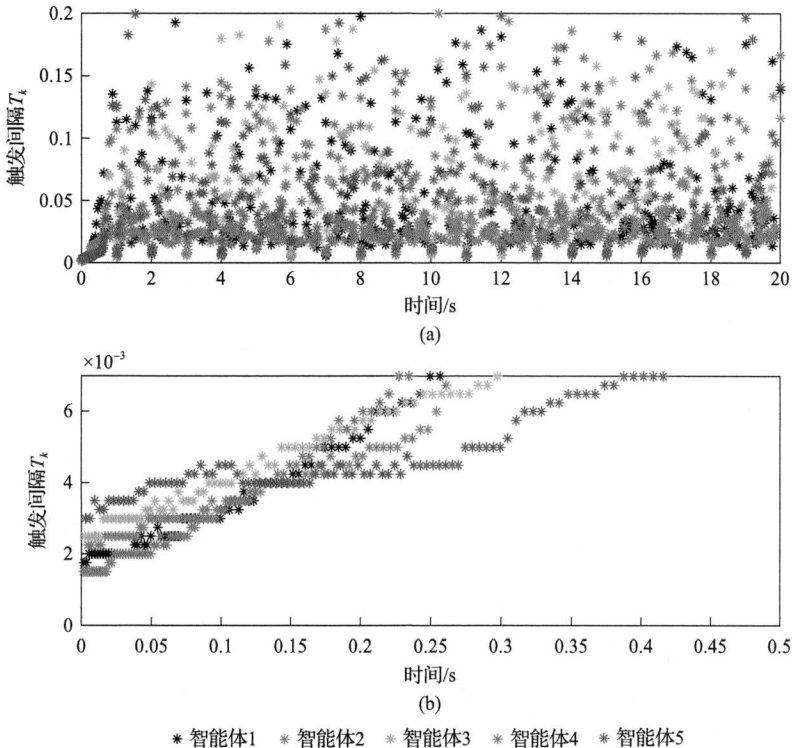

图 6.8　触发间隔图

6.4　本章小结

本章针对多智能体系统在存在外部干扰和 DoS 攻击时的编队跟踪问题，提出了一种基于事件触发机制的滑模编队控制算法，保证多智能体系统实现期望的编队任务。为了避免控制资源浪费，将事件触发策略应用于多智能体系统的编队控制中，使控制器仅在某些离散的触发时刻更新，且保证了触发瞬间没有 Zeno 现象，即不发生连续触发。考虑到 DoS 攻击的存在，将触发机制进行改进，并通过 Lyapunov 稳定理论和归纳法证明了闭环控制系统的稳定性。仿真结果验证了所提控制方法的有效性。

第7章 避碰条件下多智能体系统事件触发编队控制

在多智能体系统执行编队任务的过程中，碰撞问题不可避免，因此需要研究多智能体系统的避碰技术。目前，避碰技术主要分为基于优化的方法和人工势场法。基于优化方法的编队避碰控制问题可通过分布式模型预测控制[139]和线性规划[140]等方法解决。然而，随着智能体数量的增加，上述基于优化的方法计算复杂度高，难以快速实现。人工势场法主要通过引力势场函数和斥力势场函数的负梯度实现多智能体的编队跟踪和避碰。相比之下，人工势场法计算量小，易实现，且在多智能体系统中具有较好的避碰性能。基于此，本章引入人工势场法，在考虑避碰的同时为有领导者多智能体系统设计事件触发编队控制器，使智能体以安全、低损耗的方式完成编队任务，其中事件触发策略用于减少智能体之间的通信与控制器更新频率造成的资源损耗。

7.1 问 题 描 述

考虑一个具有 $N+1$ 个智能体的多智能体系统，其中包含一个领导者和 N 个跟随者。N 个跟随者的动态方程为

$$\begin{cases} \dot{p}_i(t) = v_i(t) \\ \dot{v}_i(t) = u_i(t) + d_i(t) \end{cases}, \quad i = 1, 2, \cdots, N \tag{7.1}$$

式中，$p_i(t) \in \mathbf{R}^n$、$v_i(t) \in \mathbf{R}^n$、$u_i(t) \in \mathbf{R}^n$ 和 $d_i(t) \in \mathbf{R}^n$ 分别表示第 i 个智能体的位置、速度、控制输入和外部干扰。领导者的动态方程为

$$\begin{cases} \dot{p}_0(t) = v_0(t) \\ \dot{v}_0(t) = u_0(t) \end{cases} \tag{7.2}$$

式中，$p_0(t) \in \mathbf{R}^n$、$v_0(t) \in \mathbf{R}^n$ 和 $u_0(t) \in \mathbf{R}^n$ 分别表示领导者的位置、速度和控制输入。

定义 $\sigma_i \in \mathbf{R}^n$ 为第 i 个智能体与领导者的相对位置矢量，则定义跟踪误差为

$$\begin{cases} \tilde{p}_i(t) = p_i(t) - p_0(t) - \sigma_i \\ \tilde{v}_i(t) = v_i(t) - v_0(t) \end{cases} \tag{7.3}$$

定义协同误差为

$$\begin{cases} \tilde{\alpha}_i(t) = (p_i(t) - p_j(t)) - (\sigma_i - \sigma_j) \\ \dot{\tilde{\alpha}}_i(t) = v_i(t) - v_j(t) \end{cases} \tag{7.4}$$

根据所定义的跟踪误差和协同误差，给出第 i 个智能体的编队相对位置误差和相对速度误差为

$$\begin{cases} e_{pi}(t) = \sum_{j=1}^{N} a_{ij}[(p_i(t) - p_j(t)) - (\sigma_i - \sigma_j)] + b_i(p_i(t) - p_0(t) - \sigma_i) \\ e_{vi}(t) = \sum_{j=1}^{N} a_{ij}(v_i(t) - v_j(t)) + b_i(v_i(t) - v_0(t)) \end{cases} \tag{7.5}$$

式中，a_{ij} 为智能体之间的联系权重；b_i 表示跟随者与领导者之间的联系，当第 i 个跟随者可以与领导者通信时，$b_i \neq 0$，反之 $b_i = 0$。

本章的控制目标是在周期事件触发机制下为多智能体系统设计一种具有避碰的编队控制算法，即满足

$$\begin{cases} \lim_{t \to \infty} \|e_{pi}(t)\|_1 \leqslant \eta \\ \lim_{t \to \infty} \|e_{vi}(t)\|_1 \leqslant c\eta \\ \|p_i(t) - p_j(t)\|_2 > R_c, \quad j = 1, 2, \cdots, N; j \neq i; t \geqslant 0 \\ \|p_i(t) - p_0(t)\|_2 > R_c, \quad t \geqslant 0 \end{cases} \tag{7.6}$$

式中，$c > 0$；R_c 为智能体的最小安全半径；$\eta = 2\alpha\chi(t)/Nck_1$，$N$ 为跟随者的个数，$k_1 > 0$，$\alpha \in (0, \infty)$，$\chi(t) = \sqrt{\varepsilon_1 \varepsilon^{-\tau t} + \varepsilon_0}$，$\varepsilon > 1$，$0 \leqslant \tau \leqslant 1$，$0 < \varepsilon_0, \varepsilon_1 < 1$。

假设 7.1　无向拓扑图 G 是连通的且至少一个跟随者可与领导者进行通信。

假设 7.2　外部干扰 $d_i(t) \in \mathbf{R}^n, \forall i = 1, 2, \cdots, N$ 有界，满足 $\|d_i(t)\|_1 \leqslant D, D > 0$。

假设 7.3　领导者输入 $u_0(t) \in \mathbf{R}^n$ 有界，满足 $\|u_0(t)\|_1 \leqslant \rho, \rho > 0$。

假设 7.4　智能体的初始位置需满足 $\|p_i(0) - p_j(0)\|_2 > R_c, \|p_i(0) - p_0(0)\|_2 > R_c$。

假设 7.5　智能体的期望编队位置需满足 $\|\sigma_i - \sigma_j\|_2 > R_c$，$\|\sigma_i\|_2 > R_c$。

引理 7.1[133]　对于无向拓扑图 G，若至少存在一个 $b_i > 0$，则矩阵 $L + B$ 对

称正定。

7.2　基于事件触发的多智能体系统编队避碰控制

7.2.1　人工势场法

人工势场法是解决智能体间避碰十分常见的方法。本节定义了斥力场函数及避碰区域。记 R_c 为智能体的最小安全半径，定义第 i 个智能体的碰撞区域为 $\phi_i = \left\{ x \in \mathrm{R}^n \mid \|p_i - x\|_2 \leqslant R_c \right\}$，在此区域内，智能体 i 可能与其他智能体发生碰撞。R_a 为避碰策略采取半径，则可定义第 i 个智能体的避碰区域为 $\psi_i = \left\{ x \in \mathrm{R}^n \mid R_c \leqslant \|p_i - x\|_2 \leqslant R_a \right\}$，在此区域内，避碰模式被激活，以保证智能体 i 不会与其他智能体发生碰撞。第 i 个智能体的避碰及碰撞区域图如图 7.1 所示。

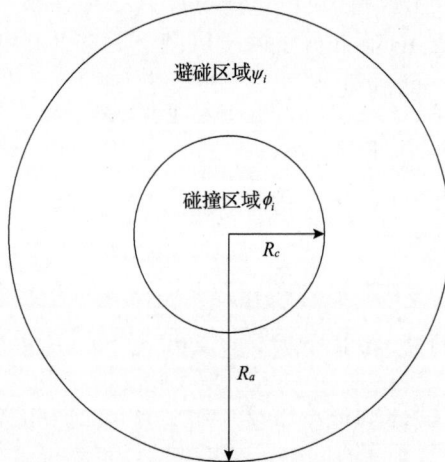

图 7.1　第 i 个智能体的避碰及碰撞区域图

避碰势场函数定义为

$$V_{ij}(t) = V_{ij}(p_i(t), p_j(t)) = \begin{cases} \left(\dfrac{R_a^2 - \|p_i(t) - p_j(t)\|_2^2}{\|p_i(t) - p_j(t)\|_2^2 - R_c^2} \right)^2, & R_c < \|p_i(t) - p_j(t)\|_2 \leqslant R_a \\ 0, & \|p_i(t) - p_j(t)\|_2 > R_a \end{cases}$$

$$(7.7)$$

由式(7.7)可知，当 $\left\|p_i(t)-p_j(t)\right\|_2 \to R_a$ 时，$V_{ij}(p_i(t),p_j(t)) \to 0$，当 $\left\|p_i(t)-p_j(t)\right\|_2 \to R_c$ 时，$V_{ij}(p_i(t),p_j(t)) \to \infty$。对避碰势场函数求偏导可得

$$\frac{\partial V_{ij}(t)}{\partial p_i} = \begin{cases} -\dfrac{4(R_a^2-R_c^2)\left(R_a^2-\left\|p_i(t)-p_j(t)\right\|_2^2\right)}{\left(\left\|p_i(t)-p_j(t)\right\|_2^2-R_c^2\right)^3}(p_i(t)-p_j(t))^{\mathrm{T}}, \\ \qquad\qquad\qquad\qquad\qquad\qquad\quad R_c < \left\|p_i(t)-p_j(t)\right\|_2 \leqslant R_a \\ 0_{1\times n}, \quad \left\|p_i(t)-p_j(t)\right\|_2 > R_a \end{cases}$$

$$(7.8)$$

由式(7.8)可知，当 $\left\|p_i(t)-p_j(t)\right\|_2 \to R_a$ 时，$\partial V_{ij}(t)/\partial p_i \to 0$，当 $\left\|p_i(t)-p_j(t)\right\|_2 \to R_c$ 时，$\partial V_{ij}(t)/\partial p_i \to \infty$，此时斥力为无穷大，能够避免多个智能体之间发生碰撞。可以看出，$\partial V_{ij}(t)/\partial p_i = -\partial V_{ij}(t)/\partial p_j = \partial V_{ji}(t)/\partial p_i = -\partial V_{ji}(t)/\partial p_j$ 且 $\sum\limits_{i=1}^{N}\sum\limits_{j=1}^{N}(\partial V_{ij}(t)/\partial p_i)\cdot 1_n = 0$，$1_n = [1,1,\cdots,1]^{\mathrm{T}} \in \mathbf{R}^n$。由于本节为多智能体系统设计避碰斥力势场，因此给出第 i 个智能体的叠加斥力场为 $\Gamma_i(t) = \sum\limits_{j=0}^{N}(\partial V_{ij}(t)/\partial p_i)^{\mathrm{T}}$。

假设 7.6　假设斥力的导数项有界，即 $\left\|\dot{\Gamma}_i(t)\right\|_1 \leqslant \rho_1$，$\left\|\ddot{\Gamma}_i(t)\right\|_1 \leqslant \rho_2$。

7.2.2　事件触发编队避碰控制器设计及稳定性分析

在多智能体系统执行编队任务的过程中，智能体之间的持续通信会使控制器频繁更新，进而导致大量的资源浪费。为避免这一问题，需要为多智能体系统设计合适的事件触发机制，在保证控制性能的前提下尽量降低控制器的更新频率。在接下来的研究中，将事件触发机制引入多智能体编队控制，在保证智能体间不会发生碰撞的同时，通过设计事件触发条件，降低控制器的更新频率，避免控制资源的浪费。

定义编队相对位置误差的矢量形式为 $e_p(t) = [e_{p1}^{\mathrm{T}}(t), e_{p2}^{\mathrm{T}}(t), \cdots, e_{pN}^{\mathrm{T}}(t)]^{\mathrm{T}}$，由式(7.5)有

$$
e_p(t) = \begin{bmatrix} \sum\limits_{j=1}^{N} a_{1j} & 0 & \cdots & 0 \\ 0 & \sum\limits_{j=1}^{N} a_{2j} & \cdots & 0 \\ \vdots & \vdots & & \vdots \\ 0 & 0 & \cdots & \sum\limits_{j=1}^{N} a_{Nj} \end{bmatrix} \begin{bmatrix} \tilde{p}_1(t) \\ \tilde{p}_2(t) \\ \vdots \\ \tilde{p}_N(t) \end{bmatrix} - \begin{bmatrix} a_{11} & a_{12} & \cdots & a_{1N} \\ a_{21} & a_{22} & \cdots & a_{2N} \\ \vdots & \vdots & & \vdots \\ a_{N1} & a_{N2} & \cdots & a_{NN} \end{bmatrix} \begin{bmatrix} \tilde{p}_1(t) \\ \tilde{p}_2(t) \\ \vdots \\ \tilde{p}_N(t) \end{bmatrix}
$$

$$
\cdot \begin{bmatrix} b_1 & 0 & \cdots & 0 \\ 0 & b_2 & \cdots & 0 \\ \vdots & \vdots & & \vdots \\ 0 & 0 & \cdots & b_N \end{bmatrix} \begin{bmatrix} \tilde{p}_1(t) \\ \tilde{p}_2(t) \\ \vdots \\ \tilde{p}_N(t) \end{bmatrix}
$$

$$
\tag{7.9}
$$

由代数图论相关知识可知

$$
\begin{aligned}
e_p(t) &= (D \otimes I_n)\tilde{p}(t) - (A \otimes I_n)\tilde{p}(t) + (B \otimes I_n)\tilde{p}(t) \\
&= [(L+B) \otimes I_n]\tilde{p}(t)
\end{aligned}
\tag{7.10}
$$

同理有

$$
e_v(t) = [(L+B) \otimes I_n]\tilde{v}(t) \tag{7.11}
$$

式中，$\tilde{p}(t) = [\tilde{p}_1^{\mathrm{T}}(t), \tilde{p}_2^{\mathrm{T}}(t), \cdots, \tilde{p}_N^{\mathrm{T}}(t)]^{\mathrm{T}}$；$e_v(t) = [e_{v1}^{\mathrm{T}}(t), e_{v2}^{\mathrm{T}}(t), \cdots, e_{vN}^{\mathrm{T}}(t)]^{\mathrm{T}}$；$I_n$ 为 n 阶单位矩阵；$\tilde{v}(t) = [\tilde{v}_1^{\mathrm{T}}(t), \tilde{v}_2^{\mathrm{T}}(t), \cdots, \tilde{v}_N^{\mathrm{T}}(t)]^{\mathrm{T}}$。因此，多智能体系统的误差状态方程可写为

$$
\begin{cases} \dot{e}_p(t) = e_v(t) \\ \dot{e}_v(t) = [(L+B) \otimes I_n](u(t) + d(t) - 1_N \otimes u_0(t)) \end{cases}
\tag{7.12}
$$

式中，$u(t) = [u_1^{\mathrm{T}}(t), u_2^{\mathrm{T}}(t), \cdots, u_N^{\mathrm{T}}(t)]^{\mathrm{T}}$；$d(t) = [d_1^{\mathrm{T}}(t), d_2^{\mathrm{T}}(t), \cdots, d_N^{\mathrm{T}}(t)]^{\mathrm{T}}$；$1_N$ 为 $N \times 1$ 的列向量。

针对多智能体系统的误差状态方程(7.12)，给出第 i 个智能体的滑模面为

$$
s_i(t) = c e_{pi}(t) + e_{vi}(t) + \Gamma_i(t), \quad i = 1, 2, \cdots, N \tag{7.13}
$$

式中，$c>0$。定义 $s(t)=[s_1^{\mathrm{T}}(t),s_2^{\mathrm{T}}(t),\cdots,s_N^{\mathrm{T}}(t)]^{\mathrm{T}}$，$\Gamma(t)=[\Gamma_1^{\mathrm{T}}(t),\Gamma_2^{\mathrm{T}}(t),\cdots,\Gamma_N^{\mathrm{T}}(t)]^{\mathrm{T}}$，则滑模面可写为如下矢量形式，即

$$s(t)=ce_p(t)+e_v(t)+\Gamma(t) \tag{7.14}$$

定义智能体 i 的量测误差为

$$\begin{cases} e_{1i}(t)=e_{pi}(t_k^i)-e_{pi}(t) \\ e_{2i}(t)=e_{vi}(t_k^i)-e_{vi}(t) \\ e_{3i}(t)=\Gamma_i(t_k^i)-\Gamma_i(t) \\ e_{4i}(t)=\dot{\Gamma}_i(t_k^i)-\dot{\Gamma}_i(t) \end{cases}, \quad t\in[t_k^i,t_{k+1}^i) \tag{7.15}$$

式中，$i=1,2,\cdots,N$；$k=0,1,2,\cdots$；t_k^i 为触发瞬间。此时，事件触发条件设计为

$$e_i(t)\leqslant\frac{\alpha\chi(t)}{N} \tag{7.16}$$

式中，$e_i(t)=ck_1\|e_{1i}(t)\|_1+(c+k_1)\|e_{2i}(t)\|_1+k_1\|e_{3i}(t)\|_1+\|e_{4i}(t)\|_1$；$N$ 为智能体的个数；$\alpha\in(0,\infty)$；$\chi(t)=\sqrt{\varepsilon_1\varepsilon^{-\tau t}+\varepsilon_0}$，$\varepsilon>1$，$0\leqslant\tau\leqslant1$，$0<\varepsilon_0,\varepsilon_1<1$，则触发时刻可确定为

$$t_{k+1}^i=\inf\left\{t>t_k^i:e_i(t)>\frac{\alpha\chi(t)}{N}\right\} \tag{7.17}$$

根据所提出的一致性理论、人工势场法和事件触发策略，下面给出定理 7.1，确保多智能体系统在执行编队任务时不会发生碰撞。

定理 7.1　考虑多智能体系统 (7.1) 在假设 7.1～假设 7.6 下，若无向拓扑图是连通的且基于事件触发机制 (7.17) 的编队控制器设计为

$$\begin{aligned} u_i(t)=(l_{ii}+b_i)^{-1}\Bigg(&\sum_{j=1}^N a_{ij}u_j(t)-ce_{vi}(t_k^i)-\dot{\Gamma}_i(t_k^i) \\ &-k_1s_i(t_k^i)-k_2\mathrm{sgn}(s_i(t_k^i))\Bigg), \quad t\in[t_k^i,t_{k+1}^i) \end{aligned} \tag{7.18}$$

且有如下矢量形式，则多智能体系统在节省通信资源的同时完成编队任务，

且不会发生碰撞。

$$u(t) = [(L+B)^{-1} \otimes I_n](-ce_v(t_k) - \dot{\Gamma}(t_k) - k_1 s(t_k) - k_2 \mathrm{sgn}(s(t_k))), \quad t \in [t_k^i, t_{k+1}^i]$$
$$(7.19)$$

式中，t_k^i 为触发瞬间；$c > 0$；$k_1 > 0$；$k_2 \geqslant \alpha\chi(t) + (D+\rho)\|(L+B) \otimes I_n\|_1$；$s(t_k) = [s_1^{\mathrm{T}}(t_k^1), s_2^{\mathrm{T}}(t_k^2), \cdots, s_N^{\mathrm{T}}(t_k^N)]^{\mathrm{T}}$；$e_v(t_k) = [e_{v1}^{\mathrm{T}}(t_k^1), e_{v2}^{\mathrm{T}}(t_k^2), \cdots, e_{vN}^{\mathrm{T}}(t_k^N)]^{\mathrm{T}}$；$\mathrm{sgn}(s(t_k)) = [\mathrm{sgn}^{\mathrm{T}}(s_1(t_k^1)), \mathrm{sgn}^{\mathrm{T}}(s_2(t_k^2)), \cdots, \mathrm{sgn}^{\mathrm{T}}(s_N(t_k^N))]^{\mathrm{T}}$；$\dot{\Gamma}(t_k) = [\dot{\Gamma}_1^{\mathrm{T}}(t_k^1), \dot{\Gamma}_2^{\mathrm{T}}(t_k^2), \cdots, \dot{\Gamma}_N^{\mathrm{T}}(t_k^N)]^{\mathrm{T}}$。

证明：令 $e_1(t) = [e_{11}^{\mathrm{T}}(t), e_{12}^{\mathrm{T}}(t), \cdots, e_{1N}^{\mathrm{T}}(t)]^{\mathrm{T}}$，$e_2(t) = [e_{21}^{\mathrm{T}}(t), e_{22}^{\mathrm{T}}(t), \cdots, e_{2N}^{\mathrm{T}}(t)]^{\mathrm{T}}$，$e_3(t) = [e_{31}^{\mathrm{T}}(t), e_{32}^{\mathrm{T}}(t), \cdots, e_{3N}^{\mathrm{T}}(t)]^{\mathrm{T}}$，$e_4(t) = [e_{41}^{\mathrm{T}}(t), e_{42}^{\mathrm{T}}(t), \cdots, e_{4N}^{\mathrm{T}}(t)]^{\mathrm{T}}$，构造 Lyapunov 能量函数

$$V(t) = \frac{1}{2} s^{\mathrm{T}}(t)s(t) + \frac{1}{2} e_p^{\mathrm{T}}(t)(P \otimes I_n)e_p(t) + \frac{1}{2}\sum_{i=1}^{N}\sum_{j=1}^{N} V_{ij}(t) + \sum_{i=1}^{N} V_{i0}(t) \quad (7.20)$$

式中，P 为 N 阶正定矩阵。对式(7.20)求导，可得

$$\dot{V}(t) = s^{\mathrm{T}}(t)(\dot{e}_v(t) + ce_v(t) + \dot{\Gamma}(t)) + e_p^{\mathrm{T}}(t)(P \otimes I_n)e_v(t) + \sum_{i=1}^{N}\sum_{j=1}^{N}\frac{\partial V_{ij}(t)}{\partial p_i}v_i(t)$$
$$+ \sum_{i=1}^{N}\left(\frac{\partial V_{i0}(t)}{\partial p_i}v_i(t) + \frac{\partial V_{i0}(t)}{\partial p_0}v_0(t)\right)$$
$$(7.21)$$

由 $\dfrac{\partial V_{ij}(t)}{\partial p_i} = -\dfrac{\partial V_{ij}(t)}{\partial p_j} = \dfrac{\partial V_{ji}(t)}{\partial p_i} = -\dfrac{\partial V_{ji}(t)}{\partial p_j}$ 及 $\displaystyle\sum_{i=1}^{N}\sum_{j=1}^{N}\frac{\partial V_{ij}(t)}{\partial p_i}v_0(t) = 0$ 可知

$$\dot{V}(t) = s^{\mathrm{T}}(t)(\dot{e}_v(t) + ce_v(t) + \dot{\Gamma}(t)) + e_p^{\mathrm{T}}(t)(P \otimes I_n)e_v(t) + \sum_{i=1}^{N}\sum_{j=0}^{N}\frac{\partial V_{ij}(t)}{\partial p_i}(v_i(t) - v_0(t))$$
$$= s^{\mathrm{T}}(t)\{[(L+B) \otimes I_n](u(t) + d(t) - 1_N \otimes u_0(t)) + ce_v(t) + \dot{\Gamma}(t)\}$$
$$+ e_p^{\mathrm{T}}(t)(P \otimes I_n)e_v(t) + \tilde{v}^{\mathrm{T}}(t)\Gamma(t)$$
$$(7.22)$$

将矢量形式的事件触发编队避碰控制器(7.19)代入式(7.22)，可得

$$\dot{V}(t)=s^{\mathrm{T}}(t)[-c(e_v(t_k)-e_v(t))-(\dot{\varGamma}(t_k)-\dot{\varGamma}(t))-k_1 s(t_k)-k_2\mathrm{sgn}(s(t_k))$$
$$+[(L+B)\otimes I_n](d(t)-1_N\otimes u_0(t))]+e_p^{\mathrm{T}}(t)(P\otimes I_n)e_v(t)+\tilde{v}^{\mathrm{T}}(t)\varGamma(t)$$
$$\leqslant\|s(t)\|_1\,[ck_1\|e_1(t)\|_1+(c+k_1)\|e_2(t)\|_1+k_1\|e_3(t)\|_1+\|e_4(t)\|_1]$$
$$+(D+\rho)\|(L+B)\otimes I_n\|_1\|s(t)\|_1-k_2\sum_{i=1}^{N}s_i^{\mathrm{T}}(t)\mathrm{sgn}(s_i(t_k^i))-k_1 s^{\mathrm{T}}(t)s(t)$$
$$+e_p^{\mathrm{T}}(t)(P\otimes I_n)e_v(t)+\tilde{v}^{\mathrm{T}}(t)\varGamma(t)$$

$$(7.23)$$

滑模轨迹到达滑模面之前，符号函数不会改变，此时 $\mathrm{sgn}(s_i(t_k^i))=\mathrm{sgn}(s_i(t))$，由事件条件可知 $ck_1\|e_1(t)\|_1+(c+k_1)\|e_2(t)\|_1+k_1\|e_3(t)\|_1+\|e_4(t)\|_1=\sum_{i=1}^{N}e_i(t)\leqslant\alpha\chi(t)$，则式(7.23)可写为

$$\dot{V}(t)\leqslant-\|s(t)\|_1\left[k_2-\alpha\chi(t)-(D+\rho)\|(L+B)\otimes I_n\|_1\right]$$
$$-k_1 s^{\mathrm{T}}(t)s(t)+e_p^{\mathrm{T}}(t)(P\otimes I_n)e_v(t)+\tilde{v}^{\mathrm{T}}(t)\varGamma(t)$$

$$(7.24)$$

由于 $k_2\geqslant\alpha\chi(t)+(D+\rho)\cdot\|(L+B)\otimes I_n\|_1$，因此有

$$\dot{V}(t)\leqslant-k_1 s^{\mathrm{T}}(t)s(t)+e_p^{\mathrm{T}}(t)(P\otimes I_n)e_v(t)+\tilde{v}^{\mathrm{T}}(t)\varGamma(t)$$
$$\leqslant-k_1 s^{\mathrm{T}}(t)s(t)+e_p^{\mathrm{T}}(t)(P\otimes I_n)(s(t)-ce_p(t)-\varGamma(t))$$
$$+(s(t)-ce_p(t)-\varGamma(t))^{\mathrm{T}}[(L+B)^{-1}\otimes I_n]\varGamma(t)$$
$$\leqslant-k_1 s^{\mathrm{T}}(t)s(t)-\varGamma^{\mathrm{T}}(t)[(L+B)^{-1}\otimes I_n]\varGamma(t)$$
$$+s^{\mathrm{T}}(t)[(L+B)^{-1}\otimes I_n]\varGamma(t)-ce_p^{\mathrm{T}}(t)(P\otimes I_n)e_p(t)$$
$$+e_p^{\mathrm{T}}(t)(P\otimes I_n)s(t)-e_p^{\mathrm{T}}(t)\{(P\otimes I_n)+c[(L+B)^{-1}\otimes I_n]\}\varGamma(t)$$

$$(7.25)$$

将式(7.25)进行整理，可得

$$\dot{V}(t)\leqslant-\begin{bmatrix}s^{\mathrm{T}}(t)&\varGamma^{\mathrm{T}}(t)\end{bmatrix}\begin{bmatrix}\dfrac{k_1}{2}I_{N\times n}&-\dfrac{(L+B)^{-1}\otimes I_n}{2}\\-\dfrac{(L+B)^{-1}\otimes I_n}{2}&\dfrac{(L+B)^{-1}\otimes I_n}{2}\end{bmatrix}\begin{bmatrix}s(t)\\\varGamma(t)\end{bmatrix}$$

$$-\begin{bmatrix} s^{\mathrm{T}}(t) & e_p^{\mathrm{T}}(t) \end{bmatrix} \begin{bmatrix} \dfrac{k_1}{2}I_{N\times n} & -\dfrac{P\otimes I_n}{2} \\[3mm] -\dfrac{P\otimes I_n}{2} & \dfrac{c(P\otimes I_n)}{2} \end{bmatrix} \begin{bmatrix} s(t) \\[2mm] e_p(t) \end{bmatrix}$$

$$-\begin{bmatrix} e_p^{\mathrm{T}}(t) & \varGamma^{\mathrm{T}}(t) \end{bmatrix} \begin{bmatrix} \dfrac{c(P\otimes I_n)}{2} & I_{N\times n} \\[3mm] (P\otimes I_n)+c[(L+B)^{-1}\otimes I_n]-I_{N\times n} & \dfrac{(L+B)^{-1}\otimes I_n}{2} \end{bmatrix}$$

$$\cdot \begin{bmatrix} e_p(t) \\[2mm] \varGamma(t) \end{bmatrix}$$

$$\tag{7.26}$$

为保证闭环系统的稳定性，需令待设计参数满足

$$\begin{cases} \dfrac{k_1}{4}(L+B)^{-1}\otimes I_n-\dfrac{1}{4}[(L+B)^{-1}\otimes I_n][(L+B)^{-1}\otimes I_n]>0 \\[3mm] \dfrac{ck_1}{4}(P\otimes I_n)-\dfrac{1}{4}(P\otimes I_n)(P\otimes I_n)>0 \\[3mm] \dfrac{c}{4}[(L+B)^{-1}\otimes I_n](P\otimes I_n)-\{(P\otimes I_n)+c[(L+B)^{-1}\otimes I_n]-I_{N\times n}\}>0 \end{cases} \tag{7.27}$$

通过合理的取值，有如下不等式成立，即

$$\begin{cases} A_1=\begin{bmatrix} \dfrac{k_1}{2}I_{N\times n} & -\dfrac{(L+B)^{-1}\otimes I_n}{2} \\[3mm] -\dfrac{(L+B)^{-1}\otimes I_n}{2} & \dfrac{(L+B)^{-1}\otimes I_n}{2} \end{bmatrix}>0 \\[6mm] A_2=\begin{bmatrix} \dfrac{k_1}{2}I_{N\times n} & -\dfrac{P\otimes I_n}{2} \\[3mm] -\dfrac{P\otimes I_n}{2} & \dfrac{c(P\otimes I_n)}{2} \end{bmatrix}>0 \\[6mm] A_3=\begin{bmatrix} \dfrac{c(P\otimes I_n)}{2} & I_{N\times n} \\[3mm] P\otimes I_n+c[(L+B)^{-1}\otimes I_n]-I_{N\times n} & \dfrac{(L+B)^{-1}\otimes I_n}{2} \end{bmatrix}>0 \end{cases} \tag{7.28}$$

由式 (7.28) 可得 $\dot{V}(t) \leqslant 0$，即 $\lim\limits_{t \to \infty} V(t)$ 存在且有界。式 (7.26) 可进一步写为

$$\dot{V}(t) \leqslant -\lambda_{\min}(A_1) \begin{bmatrix} s^{\mathrm{T}}(t) & \varGamma^{\mathrm{T}}(t) \end{bmatrix} \begin{bmatrix} s(t) \\ \varGamma(t) \end{bmatrix} - \lambda_{\min}(A_2) \begin{bmatrix} s^{\mathrm{T}}(t) & e_p^{\mathrm{T}}(t) \end{bmatrix} \begin{bmatrix} s(t) \\ e_p(t) \end{bmatrix}$$

$$- \lambda_{\min}(A_3) \begin{bmatrix} e_p^{\mathrm{T}}(t) & \varGamma^{\mathrm{T}}(t) \end{bmatrix} \begin{bmatrix} e_p(t) \\ \varGamma(t) \end{bmatrix}$$

$$= -(\lambda_{\min}(A_1) + \lambda_{\min}(A_2)) s^{\mathrm{T}}(t) s(t) - (\lambda_{\min}(A_1) + \lambda_{\min}(A_3)) \varGamma^{\mathrm{T}}(t) \varGamma(t)$$

$$- (\lambda_{\min}(A_2) + \lambda_{\min}(A_3)) e_p^{\mathrm{T}}(t) e_p(t)$$

$$= -\mu_1 s^{\mathrm{T}}(t) s(t) - \mu_2 \varGamma^{\mathrm{T}}(t) \varGamma(t) - \mu_3 e_p^{\mathrm{T}}(t) e_p(t) \tag{7.29}$$

由式 (7.29) 可知

$$\begin{cases} \dot{V}(t) \leqslant -\mu_1 s^{\mathrm{T}}(t) s(t) \\ \dot{V}(t) \leqslant -\mu_2 \varGamma^{\mathrm{T}}(t) \varGamma(t) \\ \dot{V}(t) \leqslant -\mu_3 e_p^{\mathrm{T}}(t) e_p(t) \end{cases} \tag{7.30}$$

将式 (7.30) 中三个不等式的两边同时进行积分，可得

$$\begin{cases} \mu_1 \displaystyle\int_0^\infty s^{\mathrm{T}}(t) s(t) \mathrm{d}t \leqslant V(0) - V(\infty) \\ \mu_2 \displaystyle\int_0^\infty \varGamma^{\mathrm{T}}(t) \varGamma(t) \mathrm{d}t \leqslant V(0) - V(\infty) \\ \mu_3 \displaystyle\int_0^\infty e_p^{\mathrm{T}}(t) e_p(t) \mathrm{d}t \leqslant V(0) - V(\infty) \end{cases} \tag{7.31}$$

式中，$\mu_1 > 0$；$\mu_2 > 0$；$\mu_3 > 0$。根据 Barbalat 引理可知，当 $t \to \infty$ 时，$s_i(t) \to 0$，$\varGamma_i(t) \to 0$，$e_{pi}(t) \to 0$，进一步可得 $e_{vi}(t) \to 0$，则智能体在避碰的条件下可实现编队控制，且速度与领导者速度匹配。

然而，当系统轨迹到达滑模面后，$\mathrm{sgn}(s_i(t_k^i)) = \mathrm{sgn}(s_i(t))$ 不会一直成立，此时上面的分析就不成立。由于事件触发条件 (7.16) 的关系，系统轨迹只增加到一定的范围。此时主要讨论的是 $s_i(t)$ 的最大边界，使滑动轨迹始终保持在最大边界范围内。令事件触发机制 $e_i(t) \leqslant \dfrac{\alpha \chi(t)}{N}$ 对 $t \in [t_k^i, t_{k+1}^i)$ 继续成立，则有

$$
\begin{aligned}
\left\|s_i(t_k^i) - s_i(t)\right\|_1 &= \left\|ce_{1i}(t) + e_{2i}(t) + e_{3i}(t)\right\|_1 \\
&\leqslant c\left\|e_{1i}(t)\right\|_1 + \left\|e_{2i}(t)\right\|_1 + \left\|e_{3i}(t)\right\|_1 \\
&\leqslant \frac{1}{k_1}[ck_1\left\|e_{1i}(t)\right\|_1 + (c+k_1)\left\|e_{2i}(t)\right\|_1 + k_1\left\|e_{3i}(t)\right\|_1 + \left\|e_{4i}(t)\right\|_1] \\
&\leqslant \frac{\alpha\chi(t)}{Nk_1}
\end{aligned}
\tag{7.32}
$$

由不等式 (7.32) 可得到系统轨迹与滑模面的偏差上界，且当偏差大于 $\alpha\chi(t)/Nk_1$ 时，控制器会更新。取 $s_i(t_k^i)=0$ 可得滑动轨迹最大边界为 $\alpha\chi(t)/Nk_1$，则 $e_{pi}(t)$、$e_{vi}(t)$ 和 $\Gamma_i(t)$ 会保持在一定界限内，由 $\left\|e_{pi}(t_k^i) - e_{pi}(t)\right\|_1 = \left\|e_{1i}(t)\right\|_1 \leqslant \alpha\chi(t)/Nck_1$ 得 $\lim\limits_{t\to\infty} e_{pi}(t) \leqslant \alpha\chi(t)/Nck_1$，由 $\left\|e_{vi}(t_k^i) - e_{vi}(t)\right\|_1 = \left\|e_{2i}(t)\right\|_1 \leqslant \alpha\chi(t)/Nk_1$ 可得 $\lim\limits_{t\to\infty} e_{vi}(t) \leqslant \alpha\chi(t)/Nk_1$。由 $\left\|\Gamma_i(t_k^i) - \Gamma_i(t)\right\|_1 = \left\|e_{3i}(t)\right\|_1 \leqslant \alpha\chi(t)/Nk_1$ 可知 $\Gamma_i(t)$ 始终有界，即碰撞始终不会发生 (若发生碰撞，则 $\Gamma_i(t)$ 无穷大)。定理 7.1 证毕。

为避免加入事件触发后发生 Zeno 现象，这里给出定理 7.2，并进行理论证明。

定理 7.2　考虑多智能体系统 (7.1) 在假设 7.1～假设 7.6 下，基于控制器 (7.18)，由事件触发机制 (7.17) 定义的触发间隔常数 $T_i = t_{k+1}^i - t_k^i$ 的下界是一个正值，满足

$$
T_i = t_{k+1}^i - t_k^i \geqslant \frac{1}{c}\ln\left(1 + \frac{\sqrt{\varepsilon_0}\,\alpha c}{N\Delta}\right) > 0
\tag{7.33}
$$

式中

$$
\begin{cases}
\Delta = ck_1\left\|e_{vi}(t_k^i)\right\|_1 + k_1\rho_1 + \rho_2 + (c+k_1)[u' + \left\|(L+B)\otimes I_n\right\|_1(D+\rho)] \\
u' = \left\|-ce_v(t_k) - \dot{\Gamma}(t_k) - k_1 s(t_k) - k_2\mathrm{sgn}(s(t_k))\right\|_1
\end{cases}
$$

证明： 由 $e_i(t) = ck_1\left\|e_{1i}(t)\right\|_1 + (c+k_1)\left\|e_{2i}(t)\right\|_1 + k_1\left\|e_{3i}(t)\right\|_1 + \left\|e_{4i}(t)\right\|_1$ 可知，当 $t \in [t_k^i, t_{k+1}^i)$ 时，有不等式

$$
\begin{aligned}
\frac{\mathrm{d}}{\mathrm{d}t} e_i(t) &\leqslant ck_1\left\|\dot{e}_{1i}(t)\right\|_1 + (c+k_1)\left\|\dot{e}_{2i}(t)\right\|_1 + k_1\left\|\dot{e}_{3i}(t)\right\|_1 + \left\|\dot{e}_{4i}(t)\right\|_1 \\
&\leqslant ck_1\left\|e_{vi}(t)\right\|_1 + (c+k_1)\left\|\dot{e}_{vi}(t)\right\|_1 + k_1\left\|\dot{\Gamma}_i(t)\right\|_1 + \left\|\ddot{\Gamma}_i(t)\right\|_1
\end{aligned}
$$

$$\leqslant ck_1\|e_{2i}(t)\|_1 + ck_1\|e_{vi}(t^i_k)\|_1 + (c+k_1)\|\dot{e}_v(t)\|_1 + k_1\rho_1 + \rho_2$$

$$\leqslant ck_1\|e_{2i}(t)\|_1 + ck_1\|e_{vi}(t^i_k)\|_1 + k_1\rho_1 + \rho_2 \tag{7.34}$$

$$+ (c+k_1)\|[(L+B)\otimes I_n](u(t)+d(t)-1_N\otimes u_0(t))\|_1$$

将控制器 (7.19) 代入式 (7.34)，可得

$$\frac{\mathrm{d}}{\mathrm{d}t}e_i(t) \leqslant ck_1\|e_{2i}(t)\|_1 + ck_1\|e_{vi}(t^i_k)\|_1 + k_1\rho_1 + \rho_2 + (c+k_1)\|(L+B)\otimes I_n\|_1(D+\rho)$$

$$+ (c+k_1)\|-ce_v(t_k) - \dot{\Gamma}(t_k) - k_1s(t_k) - k_2\mathrm{sgn}(s(t_k))\|_1 \tag{7.35}$$

式 (7.35) 可进一步写为

$$\frac{\mathrm{d}}{\mathrm{d}t}e_i(t) \leqslant ck_1\|e_{2i}(t)\|_1 + \Delta \leqslant ce_i(t) + \Delta \tag{7.36}$$

由于 $e_i(t^i_k)=0$，求解不等式 (7.36) 可得

$$e_i(t) \leqslant \int_{t^i_k}^{t} \mathrm{e}^{c(t-\tau)}\Delta\mathrm{d}\tau = -\frac{\Delta}{c}\mathrm{e}^{c(t-\tau)}\Big|_{t^i_k}^{t} = \frac{\Delta}{c}[\mathrm{e}^{c(t-t^i_k)}-1] \tag{7.37}$$

当 $t=t^i_{k+1}$ 时，由触发机制 $e_i(t) \geqslant \dfrac{\alpha\chi(t)}{N} \geqslant \dfrac{\sqrt{\varepsilon_0}\alpha}{N}$ 可知

$$\frac{\Delta}{c}[\mathrm{e}^{c(t^i_{k+1}-t^i_k)}-1] \geqslant \frac{\alpha\chi(t)}{N} \geqslant \frac{\sqrt{\varepsilon_0}\alpha}{N} \tag{7.38}$$

则触发周期 $T_i = t^i_{k+1} - t^i_k$ 满足

$$T_i = t^i_{k+1} - t^i_k \geqslant \frac{1}{c}\ln\left(1+\frac{\chi(t)\alpha c}{N\Delta}\right) \geqslant \frac{1}{c}\ln\left(1+\frac{\sqrt{\varepsilon_0}\alpha c}{N\Delta}\right) > 0 \tag{7.39}$$

定理 7.2 得证。

7.2.3　周期事件触发策略

在连续采样事件触发的滑模控制方案中，需要连续监测系统状态以评估事件触发的时刻，需要额外的硬件电路和复杂的传感器，这会增加控制成本。为了避免连续监测触发条件，本节提出了更经济、更有效的事件触发策略：周期

采样事件触发。周期采样事件触发仅需要定期评估触发机制条件，不需要实时监测测量误差。若采样周期过大，触发机制被监测到前，量测误差可能会超过触发条件阈值。因此，事件触发机制采样周期的选取与设计非常具有挑战性。

　　周期事件触发策略图如图 7.2 所示。其中，状态测量的采样周期为 h，满足 $0 < h < T$，$T = \max\{T_i\}$。在周期事件触发机制中，通过周期测量，触发规则在每 h 单位时间内进行评估。触发机制设计为

$$t_{k+1}^i = \inf\left\{t_k^i + jh : e_i(t_k^i + jh) > \frac{\alpha\chi(t)}{N}, \quad j \in \left\{1, 2, \cdots, j_k^i\right\}\right\} \tag{7.40}$$

式中，N 为智能体的个数；$\alpha \in (0, \infty)$；$\chi(t) = \sqrt{\varepsilon_1 \varepsilon^{-\tau t} + \varepsilon_0}$，$\varepsilon > 1$，$0 \leqslant \tau \leqslant 1$，$0 < \varepsilon_0, \varepsilon_1 < 1$；$j_k^i$ 为未知的正整数。

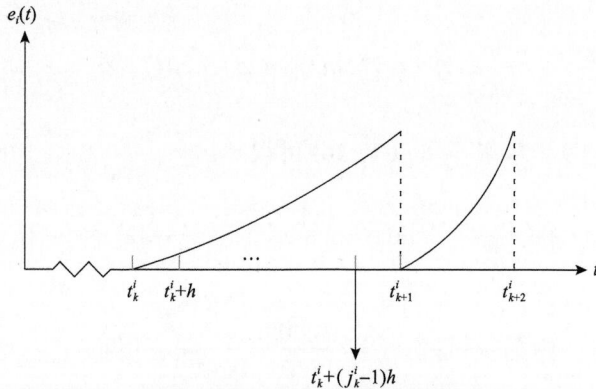

图 7.2　周期事件触发策略图

以下定理给出周期事件触发机制中量测误差的上界。

　　定理 7.3　考虑多智能体系统 (7.1) 在事件触发控制器 (7.18) 的作用下，若满足周期事件触发条件 (7.40)，则量测误差满足如下不等式，即

$$e_i(t) \leqslant \left(\frac{\alpha\chi(t)}{N} + \frac{\Delta}{c}\right)e^{ch} - \frac{\Delta}{c} \tag{7.41}$$

式中，$t \in [t_{k+1}^i - h, t_{k+1}^i)$；$e_i(t) = ck_1\|e_{1i}(t)\|_1 + (c + k_1)\|e_{2i}(t)\|_1 + k_1\|e_{3i}(t)\|_1 + \|e_{4i}(t)\|_1$；$c > 0$；$\Delta$ 取值与定理 7.2 相同；$h = \dfrac{1}{c}\ln\left(\dfrac{\delta}{\Delta + \dfrac{c\alpha\chi(t)}{N}}\right)$，$\Delta + \dfrac{c\alpha\chi(t)}{N} < \delta \leqslant \Delta +$

$2\dfrac{c\alpha\chi(t)}{N}$。

证明：由式(7.36)可知

$$\frac{\mathrm{d}}{\mathrm{d}t}e_i(t) \leqslant ce_i(t) + \Delta \tag{7.42}$$

求解不等式(7.42)，其中初始状态为 $e_i(t^i_{k+1}-h) = \dfrac{\alpha\chi(t)}{N}$，则有

$$e_i(t) \leqslant \mathrm{e}^{c[t^i_{k+1}-(t^i_{k+1}-h)]}e_i(t^i_{k+1}-h) + \int_{t^i_{k+1}-h}^{t^i_{k+1}} \mathrm{e}^{c(t^i_{k+1}-\tau)}\Delta\mathrm{d}\tau$$

$$\leqslant \mathrm{e}^{ch}\frac{\alpha\chi(t)}{N} + \frac{\Delta}{c}(\mathrm{e}^{ch}-1) \tag{7.43}$$

$$= \left(\frac{\alpha\chi(t)}{N} + \frac{\Delta}{c}\right)\mathrm{e}^{ch} - \frac{\Delta}{c}$$

定理 7.3 证毕。

若采样周期常数 $h = 0$，则式(7.43)变为连续事件触发条件 $e_i(t) \leqslant \alpha\chi(t)/N$。下面介绍如何确定采样周期 h 的值。如果采样周期太短，采样次数会很大，这会增加设备的操作负担，并可能产生额外消耗，因此在一定的约束条件下，应使采样周期尽可能大。由于两个连续触发事件之间的时间间隔存在下界，因此可以用来分析如何在周期事件触发机制中选择合适的采样周期。由式(7.39)可知

$$T_i \geqslant \frac{1}{c}\ln\left(1 + \frac{\alpha\chi(t)c}{N\Delta}\right) = \frac{1}{c}\ln\left(\frac{\Delta + \dfrac{c\alpha\chi(t)}{N}}{\Delta}\right) \tag{7.44}$$

取采样周期为

$$h = \frac{1}{c}\ln\left(\frac{\delta}{\Delta + \dfrac{c\alpha\chi(t)}{N}}\right) \tag{7.45}$$

式中，$\Delta + \dfrac{c\alpha\chi(t)}{N} < \delta \leqslant \Delta + 2\dfrac{c\alpha\chi(t)}{N}$，将式(7.45)代入式(7.43)，可得

$$e_i(t) \leqslant \frac{\delta - \Delta}{c} \leqslant 2\frac{\alpha\chi(t)}{N} \tag{7.46}$$

则采用周期事件触发机制仍可使量测误差始终保持在一个界限内。相应地，滑动轨迹也满足

$$\begin{aligned}
\left\| s_i(t_k^i) - s_i(t) \right\|_1 &= \left\| ce_{1i}(t) + e_{2i}(t) + e_{3i}(t) \right\|_1 \\
&\leqslant c\left\| e_{1i}(t) \right\|_1 + \left\| e_{2i}(t) \right\|_1 + \left\| e_{3i}(t) \right\|_1 \\
&\leqslant \frac{1}{k_1} e_i(t) \\
&\leqslant 2\frac{\alpha\chi(t)}{Nk_1}
\end{aligned} \tag{7.47}$$

此时，控制增益相应地调节为 $k_2 \geqslant 2\alpha\chi(t) + (D+\rho)\left\|(L+B)\otimes I_n\right\|_1$，则 $e_{pi}(t)$、$e_{vi}(t)$ 和 $\Gamma_i(t)$ 会保持在一定界限内，由 $\left\| e_{pi}(t_k^i) - e_{pi}(t) \right\|_1 = \left\| e_{1i}(t) \right\|_1 \leqslant 2\alpha\chi(t)/Nck_1$ 可得 $\lim\limits_{t\to\infty} e_{pi}(t) \leqslant 2\alpha\chi(t)/Nck_1$，由 $\left\| e_{vi}(t_k^i) - e_{vi}(t) \right\|_1 = \left\| e_{2i}(t) \right\|_1 \leqslant 2\alpha\chi(t)/Nk_1$ 可得 $\lim\limits_{t\to\infty} e_{vi}(t) \leqslant 2\alpha\chi(t)/Nk_1$。由 $\left\| \Gamma_i(t_k^i) - \Gamma_i(t) \right\|_1 = \left\| e_{3i}(t) \right\|_1 \leqslant 2\alpha\chi(t)/Nk_1$ 可知 $\Gamma_i(t)$ 始终有界，即碰撞始终不会发生(若发生碰撞，$\Gamma_i(t)$ 为无穷大)，从而完成采样周期 h 的合理取值。其余证明与定理 7.1 类似，在此省略。

7.3　仿真验证

下面对理论算法进行仿真验证。无向通信拓扑图如图 7.3 所示。该系统由式 (7.1) 和式 (7.2) 描述的 3 个跟随者和 1 个领导者组成，$c = 0.5$，$k_1 = 5$，$k_2 = 3.5$，干扰 $d_i(t) = [0.1\sin(t), 0.1\sin(t), 0.1\sin(t)]^T$，碰撞半径 $R_c = 1.5\mathrm{m}$，避碰半径 $R_a = 3\mathrm{m}$，事件触发参数设置为 $\alpha = 0.5$，$\varepsilon = 3$，$\tau = 0.5$，$\varepsilon_0 = 0.7$，$\varepsilon_1 = 0.5$。在本仿真中，定义邻接矩阵系数 $a_{ij} = 1$，邻接矩阵 A、拉普拉斯矩阵 L 和领导者邻接矩阵 B 设置为

$$A = \begin{bmatrix} 0 & 1 & 0 \\ 1 & 0 & 1 \\ 0 & 1 & 0 \end{bmatrix}, \quad L = \begin{bmatrix} 1 & -1 & 0 \\ -1 & 2 & -1 \\ 0 & -1 & 1 \end{bmatrix}, \quad B = \begin{bmatrix} 1 & 0 & 0 \\ 0 & 0 & 0 \\ 0 & 0 & 0 \end{bmatrix}$$

领导者与 3 个跟随者间期望的编队队形为

$$\begin{cases} \sigma_1 = [5 \quad 0 \quad 0]^T \\ \sigma_2 = [0 \quad 5 \quad 0]^T \\ \sigma_3 = [5 \quad 5 \quad 0]^T \end{cases}$$

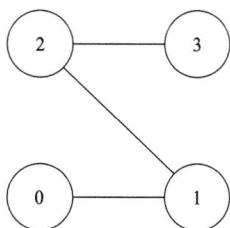

图 7.3　无向通信拓扑图

3 个跟随者的初始状态为 $p_1(0) = [0, 3, 1]^T$，$p_2(0) = [3, 3, 0.5]^T$，$p_3(0) = [3, 0, 0]^T$，领导者的参考轨迹为 $p_0(t) = [\sin(0.5t), \cos(0.5t), 3]^T$。

取采样周期 $h = 0.005$。图 7.4 为 1 个领导者和 3 个跟随者的智能体轨迹图，在周期事件触发机制 (7.40) 和控制器 (7.18) 作用下，4 个智能体在初始位置杂乱无章的条件下逐渐形成并保持期望的编队队形。图 7.5 和图 7.6 分别为智能体的编队位置误差和编队速度误差，可以看出，编队位置误差和编队速度误差会收敛到一个有界的范围内，即实现多智能体系统的编队控制及速度匹配。图 7.7 为滑模面的轨迹，可以看出滑模面最终会收敛到一个有界的范围内。

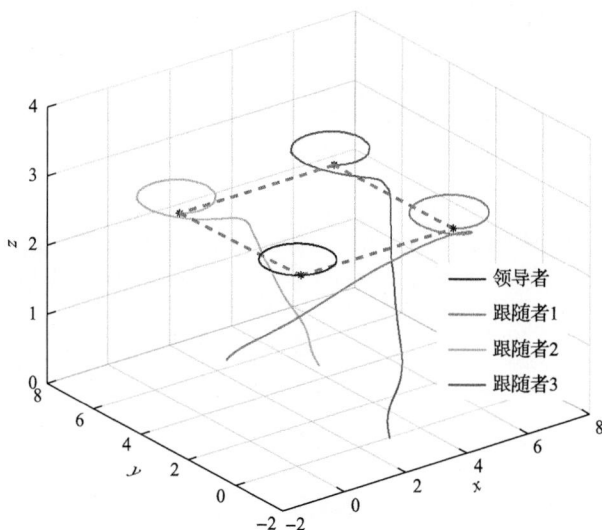

图 7.4　智能体轨迹图

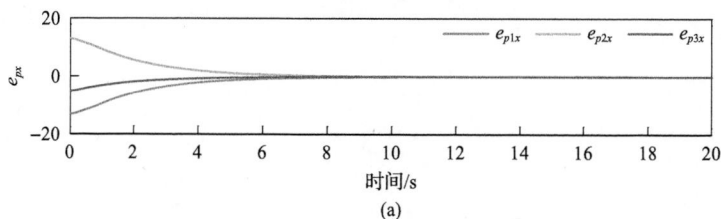

(a)

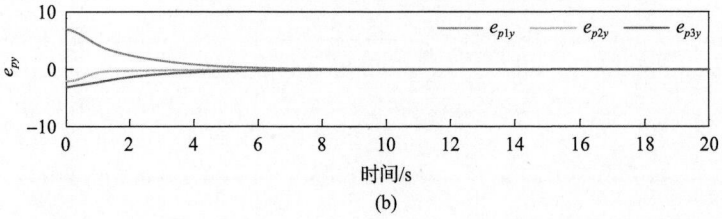

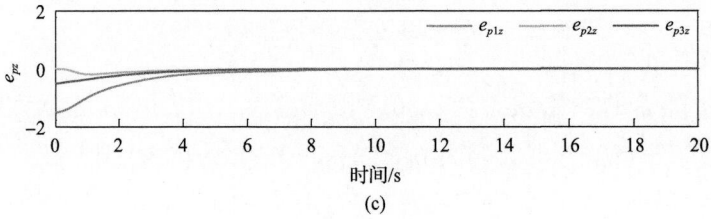

图 7.5　智能体的编队位置误差

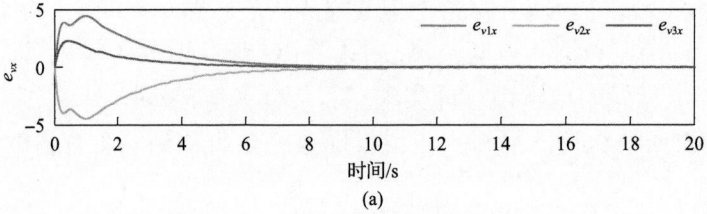

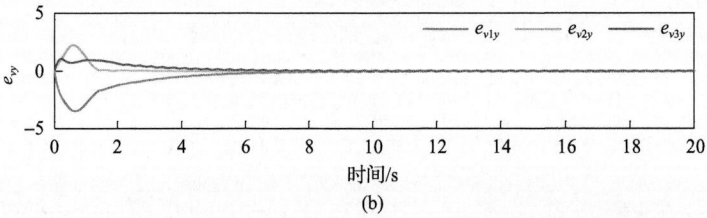

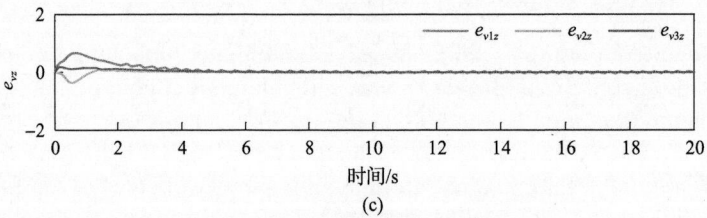

图 7.6　智能体的编队速度误差

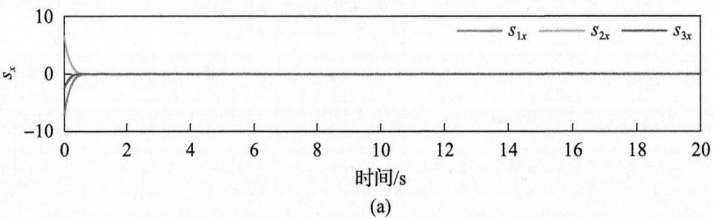

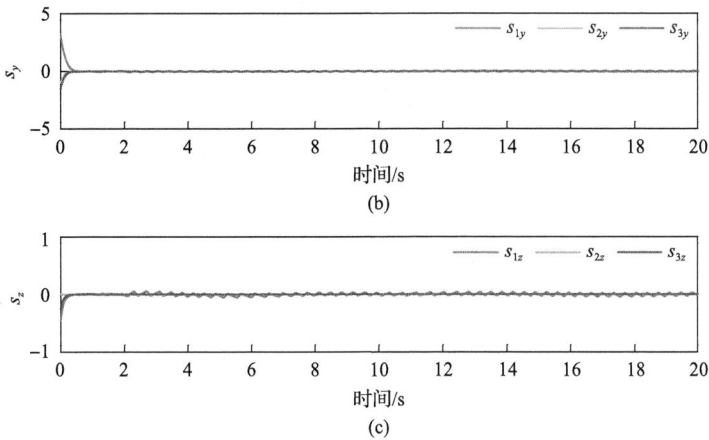

(b)

(c)

图 7.7　滑模面

图 7.8 为智能体相对距离，可知当智能体间的距离小于避碰半径时，智能体会在斥力场的作用下避开其他智能体，最终实现无碰撞编队。图 7.9 为周期事件触发机制 (7.40) 下的滑模编队控制器 (7.18) 的轨迹，只有当触发条件满足时，控制器才会更新。由于采用周期事件触发，不需要连续监测系统状态以评估事件触发的时刻，不需要额外的硬件电路，降低了控制成本。图 7.10 为触发间隔图，可以看出在初始时刻，编队误差较大，触发频率较高，但控制器最终会以稳定且较慢的频率进行更新，在此过程中触发间隔均大于零，因此 Zeno 现象不会出现。

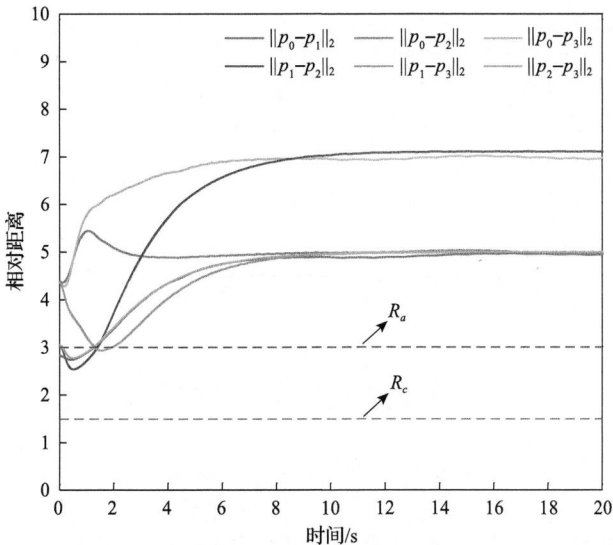

图 7.8　智能体相对距离

(a)

(b)

(c)

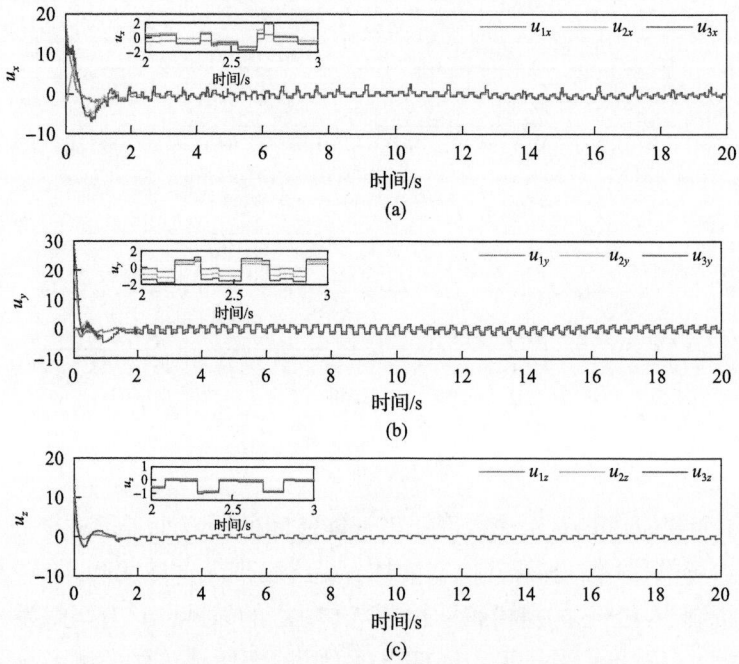

图 7.9　周期事件触发机制下的滑模控制器

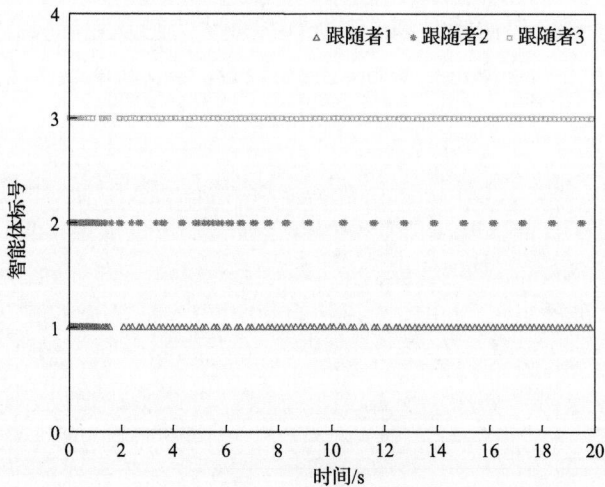

图 7.10　触发间隔图

7.4　本 章 小 结

本章针对二阶有领导者多智能体系统的编队问题,研究了避碰条件下事件触发滑模编队控制器的设计。考虑外部干扰及智能体内部碰撞,基于叠加斥力场构造新型滑模面,保证智能体在编队过程中速度一致并避免碰撞,其中事件触发阈值用于决定控制器的更新时刻,降低了智能体间的通信频率和控制器的更新频率,实现编队位置误差和编队速度误差的有界收敛,且保证触发瞬间没有 Zeno 现象。基于 Lyapunov 稳定理论证明了闭环控制系统的稳定性,仿真结果验证了事件触发控制方案的有效性。

第8章 基于合作-竞争关系的多智能体系统
事件触发二分一致性

前面研究多智能体系统的编队控制，本质也是多智能体系统的一致性控制，智能体之间都是合作关系，其用于表示智能体间通信关系的拓扑图都是非符号图，即邻接矩阵的权重都是正数。实际上，智能体之间可能存在竞争关系。二分一致性是指将所有智能体分成两组，每组内的智能体能够达到一致，且两组一致性的值大小相等符号相反。二分一致性考虑多智能体系统的通信拓扑图为符号图，它是指邻接矩阵的权值会分为正负两种情况，正代表合作而负代表竞争。此外，考虑到多智能体的通信网络中可能存在复杂的网络攻击，同时考虑非周期 DoS 攻击和虚假数据注入攻击，本章研究复杂网络攻击下基于合作-竞争关系的多智能体系统事件触发二分一致性。

8.1 问 题 描 述

考虑干扰条件下的连续多智能体系统的动态方程为

$$\dot{x}_i(t) = u_i(t) + d_i(t), \quad i = 1, 2, \cdots, N \tag{8.1}$$

式中，$x_i(t) \in \mathbb{R}$ 为第 i 个智能体的状态；$u_i(t) \in \mathbb{R}$ 为第 i 个智能体的控制输入；$d_i(t) \in \mathbb{R}$ 为外部干扰。

虚假数据注入攻击旨在通过通信网络将原始数据包从传感器传输到控制器或从控制器传输到执行器时，用虚假数据包替换原始数据包。虚假数据注入攻击下智能体 i 的结构框图如图 8.1 所示。

由图 8.1 可知，受乘性攻击 $\Delta_i(t)$ 后的状态及受加性攻击 $\eta_i(t)$ 后的控制器为

$$\begin{cases} \tilde{x}_{ii}(t) = \Delta_i(t) x_i(t_k^i) \\ \tilde{x}_{ji}(t) = \Delta_i(t) x_j(t_k^i) \\ \tilde{u}_i(t) = u_i(t) + \eta_i(t) \end{cases} \tag{8.2}$$

式中，$\tilde{x}_{ii}(t)$ 是受乘性攻击 $\Delta_i(t)$ 后智能体 i 的状态；$\tilde{x}_{ji}(t)$ 是受乘性攻击 $\Delta_i(t)$ 后

智能体 j 的状态。因此，虚假数据注入攻击下多智能体系统的动态方程可写为

$$\dot{x}_i(t) = \tilde{u}_i(t) + d_i(t) = u_i(t) + \eta_i(t) + d_i(t) \tag{8.3}$$

本章的控制目标是在虚假数据注入攻击和非周期 DoS 攻击存在的情况下，通过构造分布式事件触发滑模控制器，使得 N 个智能体在外界干扰条件下，能够实现期望的二分一致性，其中二分一致性的实现可表示为

$$\lim_{t \to \infty} \left| \mathrm{sgn}(a_{ij})x_i(t) - x_j(t) \right| = 0 \tag{8.4}$$

假设 8.1　外部干扰 $d_i(t)$ 是有界的，满足 $\left| d_i(t) \right| \leqslant d_{\max}$，$d_{\max} > 0$。

假设 8.2　虚假数据注入攻击 $\eta_i(t)$ 和 $\Delta_i(t)$ 是有界的，满足 $\left| \eta_i(t) \right| \leqslant \eta_{\max}$，$\eta_{\max} > 0$，$\underline{\Delta} \leqslant \Delta_i(t) \leqslant \overline{\Delta}$，$\underline{\Delta}$ 和 $\overline{\Delta}$ 为已知的正常数。

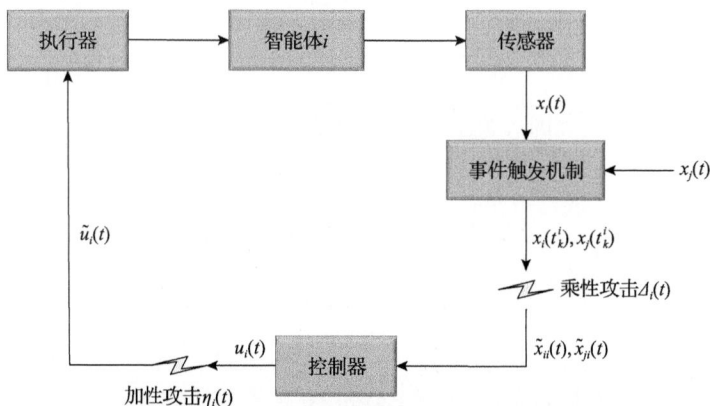

图 8.1　虚假数据注入攻击下智能体 i 的结构框图

8.2　复杂网络攻击下多智能体系统事件触发二分一致性

为实现虚假数据注入攻击和非周期 DoS 攻击下多智能体系统的二分一致性，本节给出控制器设计过程及稳定性分析。考虑到 DoS 攻击存在活跃期和休眠期两个周期，这里分两种情况进行分析：①DoS 攻击处于休眠期（仅考虑虚假数据注入攻击）；②DoS 攻击处于活跃期（同时考虑虚假数据注入攻击和非周期 DoS 攻击）。

8.2.1　虚假数据注入攻击下事件触发滑模控制器设计及稳定性分析

为了避免智能体间连续通信造成的资源浪费，减少控制器的更新次数，引

入事件触发机制，定义其状态量测误差为

$$e_i(t) = x_i(t_k^i) - x_i(t), \quad t \in [t_k^i, t_{k+1}^i), \quad i = 1, 2, \cdots, N; k = 0, 1, 2, \cdots \tag{8.5}$$

式中，t_k^i 为 $x_i(t)$ 的采样时刻。根据所定义的状态量测误差，给出由二分一致性误差所定义的量测误差为

$$E_i(t) = \sum_{j=1}^{N} a_{ij}(\mathrm{sgn}(a_{ij})x_i(t_k^i) - x_j(t_k^i)) - \sum_{j=1}^{N} a_{ij}(\mathrm{sgn}(a_{ij})x_i(t) - x_j(t)) \tag{8.6}$$

根据量测误差设计事件触发条件为

$$|E_i(t)| \leqslant \frac{\alpha \chi(t)}{k_1 \overline{\Delta} N} \tag{8.7}$$

式中，$\chi(t) = \sqrt{\varepsilon_1 \varepsilon^{-\tau t} + \varepsilon_0}$，$\varepsilon > 1$，$0 < \varepsilon_0, \varepsilon_1 < 1$，$0 \leqslant \tau \leqslant 1$；$\alpha \in (0, \infty)$；$k_1 > 0$；$N$ 为智能体的个数。此时，触发时刻可确定为

$$t_{k+1}^i = \inf \left\{ t > t_k^i : |E_i(t)| > \frac{\alpha \chi(t)}{k_1 \overline{\Delta} N} \right\} \tag{8.8}$$

定理 8.1　考虑虚假数据注入攻击下多智能体系统(8.3)满足假设 8.1 和假设 8.2，若无向符号图 G 是连通且结构平衡的，且将基于事件触发机制(8.8)的滑模控制器设计为如下形式，则多智能体系统可实现期望的二分一致性。

$$u_i(t) = -k_1 \sum_{j=1}^{N} a_{ij}(\mathrm{sgn}(a_{ij})\tilde{x}_{ii}(t) - \tilde{x}_{ji}(t)) - k_2 \mathrm{sgn}\left(\sum_{j=1}^{N} a_{ij}(\mathrm{sgn}(a_{ij})\tilde{x}_{ii}(t) - \tilde{x}_{ji}(t))\right)$$

$$= -k_1 \Delta_i(t) \sum_{j=1}^{N} a_{ij}(\mathrm{sgn}(a_{ij})x_i(t_k^i) - x_j(t_k^i)) - k_2 \mathrm{sgn}\left(\sum_{j=1}^{N} a_{ij}(\mathrm{sgn}(a_{ij})x_i(t_k^i) - x_j(t_k^i))\right) \tag{8.9}$$

式中，$k_1 > 0$；$k_2 > \dfrac{\alpha \chi(t)}{N} + \eta_{\max} + d_{\max}$。

证明： 给出多智能体状态的矢量形式为 $x(t) = [x_1(t), x_2(t), \cdots, x_N(t)]^{\mathrm{T}}$，令 $z_i(t) = \sigma_i x_i(t)$，则有 $z(t) = Dx(t) = [z_1(t), z_2(t), \cdots, z_N(t)]^{\mathrm{T}}$。构造 Lyapunov 能量函数为

$$V(t) = \frac{1}{2} z^{\mathrm{T}}(t) L_D z(t) = \frac{1}{4} \sum_{i=1}^{N} \sum_{j=1}^{N} |a_{ij}| (z_i(t) - z_j(t))^2 \tag{8.10}$$

由于 DAD 中所有元素非负，因此有 $\sigma_i \sigma_j a_{ij} = |a_{ij}|$，进而有 $\sigma_i \sigma_j = \mathrm{sgn}(a_{ij})$，结合 $\sigma_i^2 = 1$ 有

$$\begin{aligned}
&\sigma_i \left[\sum_{j=1}^{N} a_{ij} (\mathrm{sgn}(a_{ij}) x_i(t) - x_j(t)) \right] \\
&= \sum_{j=1}^{N} \sigma_i \sigma_j a_{ij} (\sigma_i x_i(t) - \sigma_j x_j(t)) \\
&= \sum_{j=1}^{N} |a_{ij}| (z_i(t) - z_j(t))
\end{aligned} \tag{8.11}$$

对式 (8.10) 中的 $V(t)$ 进行求导，可得

$$\begin{aligned}
\dot{V}(t) &= \sum_{i=1}^{N} \left[\sum_{j=1}^{N} |a_{ij}| (z_i(t) - z_j(t)) \right] \dot{z}_i(t) \\
&= \sum_{i=1}^{N} \left[\sum_{j=1}^{N} |a_{ij}| (z_i(t) - z_j(t)) \right] \sigma_i (u_i(t) + \eta_i(t) + d_i(t)) \\
&= -k_1 \sum_{i=1}^{N} \Delta_i(t) \left[\sum_{j=1}^{N} |a_{ij}| (z_i(t) - z_j(t)) \right]^2 - \sum_{i=1}^{N} \left[\sum_{j=1}^{N} |a_{ij}| (z_i(t) - z_j(t)) \right] \sigma_i \big(k_1 \Delta_i(t) E_i(t) \\
&\quad - \eta_i(t) - d_i(t) \big) - k_2 \sum_{i=1}^{N} \left[\sum_{j=1}^{N} |a_{ij}| (z_i(t) - z_j(t)) \right] \mathrm{sgn} \left(\sum_{j=1}^{N} |a_{ij}| (z_i(t_k^i) - z_j(t_k^i)) \right)
\end{aligned} \tag{8.12}$$

当 $\mathrm{sgn} \left(\sum_{j=1}^{N} |a_{ij}| (z_i(t_k^i) - z_j(t_k^i)) \right) = \mathrm{sgn} \left(\sum_{j=1}^{N} |a_{ij}| (z_i(t) - z_j(t)) \right)$ 成立时，有

$$\begin{aligned}
\dot{V}(t) &\leqslant -k_1 \Delta \sum_{i=1}^{N} \left[\sum_{j=1}^{N} |a_{ij}| (z_i(t) - z_j(t)) \right]^2 - k_2 \sum_{i=1}^{N} \left| \sum_{j=1}^{N} |a_{ij}| (z_i(t) - z_j(t)) \right| \\
&\quad + (k_1 \bar{\Delta} |E_i(t)| + \eta_{\max} + d_{\max}) \sum_{i=1}^{N} \left| \sum_{j=1}^{N} |a_{ij}| (z_i(t) - z_j(t)) \right|
\end{aligned} \tag{8.13}$$

由触发条件 $\left| E_i(t) \right| \leqslant \dfrac{\alpha \chi(t)}{k_1 \bar{\underline{\Delta}} N}$ 及控制增益 $k_2 > \dfrac{\alpha \chi(t)}{N} + \eta_{\max} + d_{\max}$ 可知

$$\dot{V}(t) \leqslant -2\lambda_2(L_D)k_1 \underline{\Delta} V(t) \tag{8.14}$$

由式(8.14)可知 $\lim\limits_{t \to \infty} V(t)$ 存在，对其两边同时积分可得

$$\mu_0 \int_0^{\infty} V(t)\,\mathrm{d}t \leqslant V(0) - V(\infty) \tag{8.15}$$

式中，$\mu_0 = 2\lambda_2(L_D)k_1 \underline{\Delta}$，基于 Barbalat 引理，当 $t \to \infty$ 时，有 $V(t) \to 0$，进而有

$$\lim\limits_{t \to \infty} \left| z_i(t) - z_j(t) \right| = 0 \tag{8.16}$$

则多智能体系统实现二分一致性。

然而，$\mathrm{sgn}\left(\displaystyle\sum_{j=1}^N \left| a_{ij} \right| (z_i(t_k^i) - z_j(t_k^i)) \right) = \mathrm{sgn}\left(\displaystyle\sum_{j=1}^N \left| a_{ij} \right| (z_i(t) - z_j(t)) \right)$ 在 $t \in [t_k^i, t_{k+1}^i)$ 内不恒成立，此时需要求 $\left| z_i(t) - z_j(t) \right|$ 收敛的上界。给出量测误差的矢量形式为 $E(t) = [E_1(t), E_2(t), \cdots, E_N(t)]^{\mathrm{T}}$，根据事件触发条件(8.7)有

$$\left\| L_D z(t_k) - L_D z(t) \right\|_1 = \left\| DE(t) \right\|_1 = \left\| E(t) \right\|_1 = \sum_{i=1}^N \left| E_i(t) \right| \leqslant \frac{\alpha \chi(t)}{k_1 \bar{\underline{\Delta}}} \tag{8.17}$$

令 $z(t_k) = 0$，则可求得 $\left\| z(t) \right\|_1$ 的最大上界为

$$\left\| z(t) \right\|_1 \leqslant \frac{\alpha \sqrt{N} \chi(t)}{k_1 \bar{\underline{\Delta}} \lambda_2(L_D)} \tag{8.18}$$

又由于 $\left| z_i(t) - z_j(t) \right| \leqslant \left\| z(t) \right\|_1$，有

$$\lim\limits_{t \to \infty} \left| z_i(t) - z_j(t) \right| \leqslant \frac{\alpha \sqrt{N} \chi(t)}{k_1 \bar{\underline{\Delta}} \lambda_2(L_D)} \tag{8.19}$$

综上，多智能体系统的二分一致性可收敛至期望的有界范围内。定理 8.1 证毕。

定理 8.2 考虑虚假数据注入攻击下多智能体系统(8.3)及事件触发滑模

控制器 (8.9)，根据假设 8.1 和假设 8.2，由事件触发机制 (8.8) 定义的触发间隔常数 $T_i = t_{k+1}^i - t_k^i$ 的下界是一个正值，满足

$$T_i = t_{k+1}^i - t_k^i \geqslant \frac{1}{k_1 \overline{\Delta} \|L_D\|_1} \ln\left(1 + \frac{\alpha \|L_D\|_1 \chi(t)}{N\Omega}\right) \geqslant \frac{1}{k_1 \overline{\Delta} \|L_D\|_1} \ln\left(1 + \frac{\alpha \sqrt{\varepsilon_0} \|L_D\|_1}{N\Omega}\right) > 0$$

(8.20)

式中，$\Omega = \dfrac{N-1}{N} \|L_D\|_1 \alpha \chi(t) + k_1 \overline{\Delta} \|L_D\|_1 \|L_D z(t_k)\|_1 + k_2 \|L_D\|_1 + (d_{max} + \eta_{max}) \|L_D\|_1$。

证明：当 $t \in [t_k^i, t_{k+1}^i)$ 时，有如下不等式成立，即

$$\frac{\mathrm{d}}{\mathrm{d}t} |E_i(t)| = \frac{\mathrm{d}}{\mathrm{d}t} |\sigma_i E_i(t)| \leqslant |\sigma_i \dot{E}_i(t)| \leqslant \|D\dot{E}(t)\|_1$$

(8.21)

式中，$\|D\dot{E}(t)\|_1 = \|L_D \dot{z}(t)\|_1 = \|L_D D\dot{x}(t)\|_1$，则有

$$\begin{aligned}
\frac{\mathrm{d}}{\mathrm{d}t} |E_i(t)| &\leqslant \|L_D D(u(t) + \eta(t) + d(t))\|_1 \\
&\leqslant \|L_D Du(t)\|_1 + (d_{max} + \eta_{max}) \|L_D\|_1 \\
&\leqslant k_1 \overline{\Delta} \|L_D\|_1 \left(\|L_D z(t_k)\|_1 + \|DE(t)\|_1\right) + k_2 \|L_D\|_1 + (d_{max} + \eta_{max}) \|L_D\|_1
\end{aligned}$$

(8.22)

由于事件触发条件 $|E_i(t)| \leqslant \dfrac{\alpha \chi(t)}{k_1 \overline{\Delta} N}$，有 $\|E(t)\|_1 \leqslant |E_i(t)| + \dfrac{N-1}{N} \cdot \dfrac{\alpha \chi(t)}{k_1 \overline{\Delta}}$，因此

$$\begin{aligned}
\frac{\mathrm{d}}{\mathrm{d}t} |E_i(t)| &\leqslant k_1 \overline{\Delta} \|L_D\|_1 \cdot \left(|E_i(t)| + \frac{N-1}{N} \cdot \frac{\alpha \chi(t)}{k_1 \overline{\Delta}}\right) + k_1 \overline{\Delta} \|L_D\|_1 \|L_D z(t_k)\|_1 \\
&\quad + k_2 \|L_D\|_1 + (d_{max} + \eta_{max}) \|L_D\|_1 \\
&\leqslant k_1 \overline{\Delta} \|L_D\|_1 |E_i(t)| + \Omega
\end{aligned}$$

(8.23)

由于初始条件 $|E_i(t_k^i)| = 0$，对式 (8.23) 求解可得

$$|E_i(t)| \leqslant \int_{t_k^i}^t \mathrm{e}^{k_1 \overline{\Delta} \|L_D\|_1 (t-\tau)} \Omega \mathrm{d}\tau = -\frac{\Omega}{k_1 \overline{\Delta} \|L_D\|_1} \mathrm{e}^{k_1 \overline{\Delta} \|L_D\|_1 (t-\tau)} \Big|_{t_k^i}^t = \frac{\Omega}{k_1 \overline{\Delta} \|L_D\|_1} \left[\mathrm{e}^{k_1 \overline{\Delta} \|L_D\|_1 (t-t_k^i)} - 1\right]$$

(8.24)

当 $t = t_{k+1}^i$ 时，由触发机制 $|E_i(t)| \geqslant \dfrac{\alpha \chi(t)}{k_1 \overline{\Delta} N}$ 可知

$$\frac{\Omega}{k_1 \overline{\Delta} \|L_D\|_1} [\mathrm{e}^{k_1 \overline{\Delta} \|L_D\|_1 (t_{k+1}^i - t_k^i)} - 1] \geqslant \frac{\alpha \chi(t)}{k_1 \overline{\Delta} N} \geqslant \frac{\alpha \sqrt{\varepsilon_0}}{k_1 \overline{\Delta} N} \tag{8.25}$$

则触发间隔 $T_i = t_{k+1}^i - t_k^i$ 满足

$$T_i = t_{k+1}^i - t_k^i \geqslant \frac{1}{k_1 \overline{\Delta} \|L_D\|_1} \ln\left(1 + \frac{\alpha \|L_D\|_1 \chi(t)}{N \Omega}\right) \geqslant \frac{1}{k_1 \overline{\Delta} \|L_D\|_1} \ln\left(1 + \frac{\alpha \sqrt{\varepsilon_0} \|L_D\|_1}{N \Omega}\right) > 0 \tag{8.26}$$

定理 8.2 证毕。

8.2.2　虚假数据注入攻击和 DoS 攻击下事件触发二分一致性

考虑到 DoS 攻击处于活跃期，恶意攻击者通过攻击智能体之间的通信网络，干扰信息的正常传输，严重破坏多智能体系统的稳定性。基于此，本节研究非周期性 DoS 攻击和虚假数据注入攻击下多智能体系统的事件触发二分一致性控制问题。

非周期 DoS 攻击策略图如图 8.2 所示。定义第 m 次 DoS 攻击的时间间隔为 $D_m = [t_m, t_m + \Delta_m)$，其中 t_m 为第 m 次 DoS 攻击开始的时刻，Δ_m 为第 m 次 DoS 攻击的持续时间。假设所有智能体同时受相同的 DoS 攻击，当多智能体系统处于攻击时刻时，数据传输被迫中断，控制器无法及时更新，导致事件触发条件 (8.7) 可能会被违背。基于此，本节将对 DoS 攻击下多智能体系统的稳定性展开分析，确保多智能体系统仍能实现期望的二分一致性。

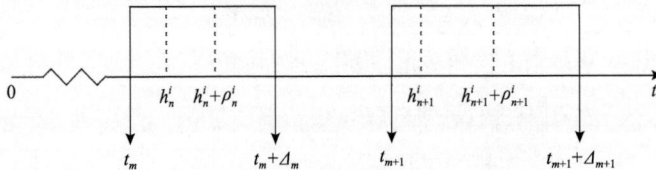

图 8.2　非周期 DoS 攻击策略图

对于时间 $t \geqslant \tau$，DoS 攻击时间段的集合可以表示为

$$\Pi_d(\tau, t) = \bigcup D_m \bigcap [\tau, t), \quad m = 1, 2, 3, \cdots \tag{8.27}$$

则不受 DoS 攻击影响的时间段的集合可以表示为

$$\varPi_h(\tau,t)=[\tau,t)\setminus\varPi_d(\tau,t) \tag{8.28}$$

下面按照事件条件(8.7)是否会因为 DoS 攻击的存在而被违背，定义两个新的集合。首先定义 DoS 攻击下事件条件被违背的时间间隔为 $D^i_{\mathrm{in}}=[h^i_n,h^i_n+\rho^i_n)$，然后定义事件条件保持成立的时间间隔为 $D^i_{\mathrm{out}}=[h^i_n+\rho^i_n,h^i_{n+1})$，其中 $n=0,1,2,\cdots$。此时，事件条件(8.7)被违背的时间段集合定义为

$$\bar{\varPi}_{di}(\tau,t)=\cup D^i_{\mathrm{in}}\cap[\tau,t) \tag{8.29}$$

同理，事件条件(8.7)保持成立的时间段集合定义为

$$\bar{\varPi}_{hi}(\tau,t)=\cup D^i_{\mathrm{out}}\cap[\tau,t) \tag{8.30}$$

假设初始时刻 $t=0$ 时无攻击发生，则有 $h^i_0=\rho^i_0=0$。令 $\left|\varPi_d(\tau,t)\right|$ 表示 $[\tau,t)$ 内 DoS 攻击的持续时间，下面给出 DoS 攻击的相关假设。

假设 8.3　对于任意的时间 $t>\tau$，$\left|\varPi_d(\tau,t)\right|$ 为 $[\tau,t)$ 内 DoS 攻击的总持续时间，其满足

$$\left|\varPi_d(\tau,t)\right|\leqslant d_0+\frac{t-\tau}{T_d} \tag{8.31}$$

式中，$d_0\geqslant0$；$0<\dfrac{1}{T_d}<1$。

假设 8.4　对于任意的时间 $t>\tau$，设 $N_f(\tau,t)$ 为 $[\tau,t)$ 内 DoS 攻击的总发生次数，其满足

$$N_f(\tau,t)\leqslant f_0+\frac{t-\tau}{F_f} \tag{8.32}$$

式中，$f_0\geqslant0$；$0<\dfrac{1}{F_f}<1$。

假设 8.5　假设事件条件(8.7)被违背的持续时间是有上界的，满足 $\rho^i_n\leqslant\rho_{\max}$。

下面进行非周期 DoS 攻击和虚假数据注入攻击同时存在的情况下多智能体系统的稳定性分析，以证明多智能体系统在控制器(8.9)的作用下仍可实现期望的二分一致性。首先分析当 $t\in D^i_{\mathrm{out}}$ 时系统的稳定性，此时事件条件(8.7)

仍然满足。与式(8.10)～式(8.19)中的分析相同，若系统轨迹未穿过滑模面，此时有 $\mathrm{sgn}\left(\sum_{j=1}^{N}\left|a_{ij}\right|(z_i(t_k^i)-z_j(t_k^i))\right)=\mathrm{sgn}\left(\sum_{j=1}^{N}\left|a_{ij}\right|(z_i(t)-z_j(t))\right)$ 成立，则有

$$\dot{V}(t)\leqslant -2\lambda_2(L_D)k_1\underline{\Delta}V(t) \tag{8.33}$$

求解可得

$$V(t)\leqslant V(h_n^i+\rho_n^i)\mathrm{e}^{-2\lambda_2(L_D)k_1\underline{\Delta}(t-h_n^i-\rho_n^i)} \tag{8.34}$$

式中，$t\in[h_n^i+\rho_n^i,h_{n+1}^i)$。

若 $\mathrm{sgn}\left(\sum_{j=1}^{N}\left|a_{ij}\right|(z_i(t_k^i)-z_j(t_k^i))\right)\neq\mathrm{sgn}\left(\sum_{j=1}^{N}\left|a_{ij}\right|(z_i(t)-z_j(t))\right)$，则可得

$$\left|z_i(t)-z_j(t)\right|\leqslant\frac{\alpha\sqrt{N}\chi(t)}{k_1\overline{\Delta}\lambda_2(L_D)} \tag{8.35}$$

即多智能体系统的二分一致性可收敛至有界范围内。

然而，当 $t\in D_{\mathrm{in}}^i$ 时，事件条件(8.7)被违背，式(8.33)～式(8.35)中的分析不成立。此时，智能体的通信被迫中断，控制器的值将在通信区域内最后一次触发时刻的值保持不变。因此，需要讨论误差 $E(t)$ 在 $t\in D_{\mathrm{in}}^i$ 时的上界。对于系统

$$\begin{aligned}D\dot{E}(t)&=L_D\dot{z}(t_k)-L_D\dot{z}(t)\\&=-L_DD\dot{x}(t)\\&=-L_DDu(t)-L_DDd(t)-L_DD\eta(t),\quad t\in[h_n^i,h_n^i+\rho_n^i)\end{aligned} \tag{8.36}$$

式(8.36)两边同时积分可得

$$\int_{h_n^i}^{t}D\dot{E}(\tau)\mathrm{d}\tau=\int_{h_n^i}^{t}(-L_DDu(\tau)-L_DDd(\tau)-L_DD\eta(\tau))\mathrm{d}\tau \tag{8.37}$$

将控制器(8.9)代入式(8.37)，可得

$$\left\|E(t)-E(h_n^i)\right\|_1\leqslant(k_1\overline{\Delta}\|L_D\|_1\|L_Dz(t_k)\|_1+k_2\|L_D\|_1+d_{\max}\|L_D\|_1+\eta_{\max}\|L_D\|_1)(t-h_n^i) \tag{8.38}$$

根据式 (8.38) 有

$$
\begin{aligned}
\left\| E(t) \right\|_1 &\leqslant \left\| E(h_n^i) \right\|_1 + \left[k_1 \overline{\varDelta} \left\| L_D \right\|_1 \left\| L_D z(t_k) \right\|_1 + (k_2 + d_{\max} + \eta_{\max}) \left\| L_D \right\|_1 \right] \left| \overline{\varPi}_{di}(h_n^i, t) \right| \\
&\leqslant \frac{\alpha \chi(h_n^i)}{k_1 \overline{\varDelta}} + \left[k_1 \overline{\varDelta} \left\| L_D \right\|_1 \left\| L_D z(t_k) \right\|_1 + (k_2 + d_{\max} + \eta_{\max}) \left\| L_D \right\|_1 \right] \\
&\quad \cdot \left(d_0 + \frac{t - h_n^i}{T_d} \right) \left(f_0 + \frac{t - h_n^i}{F_f} \right) \\
&\leqslant \frac{\alpha \sqrt{\varepsilon_0 + \varepsilon_1}}{k_1 \overline{\varDelta}} + [k_1 \overline{\varDelta} \left\| L_D \right\|_1 \left\| L_D z(t_k) \right\|_1 + (k_2 + d_{\max} + \eta_{\max}) \left\| L_D \right\|_1] \\
&\quad \cdot \left(d_0 + \frac{\rho_{\max}}{T_d} \right) \left(f_0 + \frac{\rho_{\max}}{F_f} \right) \\
&\leqslant \frac{\alpha \sqrt{\varepsilon_0 + \varepsilon_1}}{k_1 \overline{\varDelta}} + \psi
\end{aligned}
\tag{8.39}
$$

式中，$\psi = \left[k_1 \overline{\varDelta} \left\| L_D \right\|_1 \left\| L_D z(t_k) \right\|_1 + (k_2 + d_{\max} + \eta_{\max}) \left\| L_D \right\|_1 \right] \left(d_0 + \dfrac{\rho_{\max}}{T_d} \right) \left(f_0 + \dfrac{\rho_{\max}}{F_f} \right)$。

依据式 (8.39)，将系统参数 k_2 调整至 $k_2 > \alpha \sqrt{\varepsilon_0 + \varepsilon_1} + k_1 \overline{\varDelta} \psi + d_{\max} + \eta_{\max}$。若系统轨迹未穿过滑模面，即 $\mathrm{sgn}\left(\displaystyle\sum_{j=1}^{N} \left| a_{ij} \right| (z_i(t_k^i) - z_j(t_k^i)) \right) = \mathrm{sgn}\left(\displaystyle\sum_{j=1}^{N} \left| a_{ij} \right| (z_i(t) - z_j(t)) \right)$，则有

$$
V(t) \leqslant V(h_n^i) \mathrm{e}^{-2\lambda_2(L_D) k_1 \varDelta (t - h_n^i)}
\tag{8.40}
$$

式中，$t \in [h_n^i, h_n^i + \rho_n^i)$。对于整个时间域 $t \geqslant 0$，对式 (8.34) 和式 (8.40) 采用归纳法，则有

$$
\begin{aligned}
V(t) &\leqslant V(0) \mathrm{e}^{-2\lambda_2(L_D) k_1 \varDelta \left| \overline{\varPi}_{di}(0, t) \right|} \mathrm{e}^{-2\lambda_2(L_D) k_1 \varDelta \left| \overline{\varPi}_{hi}(0, t) \right|} \\
&\leqslant V(0) \mathrm{e}^{-2\lambda_2(L_D) k_1 \varDelta t}
\end{aligned}
\tag{8.41}
$$

若 $\mathrm{sgn}\left(\displaystyle\sum_{j=1}^{N} \left| a_{ij} \right| (z_i(t_k^i) - z_j(t_k^i)) \right) \neq \mathrm{sgn}\left(\displaystyle\sum_{j=1}^{N} \left| a_{ij} \right| (z_i(t) - z_j(t)) \right)$，则根据式 (8.17) ～

式(8.19)以及式(8.39)，对于整个时间域 $t \geq 0$ ，有

$$\left| z_i(t) - z_j(t) \right| \leq \frac{\sqrt{N}}{\lambda_2(L_D)} \left(\frac{\alpha \sqrt{\varepsilon_0 + \varepsilon_1}}{k_1 \overline{\varDelta}} + \psi \right) \tag{8.42}$$

综上，多智能体系统在非周期 DoS 攻击和虚假数据注入攻击同时存在的情况下可实现期望的二分一致性。

8.3　仿　真　验　证

下面提供仿真示例以验证理论结果。无向符号图定义如图 8.3 所示。该系统由式(8.1)描述的 5 个智能体组成，控制器参数选择为 $k_1 = 5$ ， $k_2 = 0.2$ ，触发机制的参数设置为 $\alpha = 0.05$ ， $\varepsilon = 3$ ， $\tau = 0.5$ ， $\varepsilon_0 = 0.5$ ， $\varepsilon_1 = 0.5$ ，干扰 $d_i(t) = 0.05\sin(t)$, $i = 1,2,3,4,5$ 。仿真中加入虚假数据注入攻击，其中加性攻击 $\eta_i(t) = 0.05\cos(t)$ ，乘性攻击 $\varDelta_i(t) = 1 + 0.1\sin(t)$ 。定义非零邻接矩阵系数 $a_{ij} = \pm 1$ ，由无向符号图可得拉普拉斯矩阵 L 为

$$L = \begin{bmatrix} 2 & -1 & 0 & 1 & 0 \\ -1 & 2 & -1 & 0 & 0 \\ 0 & -1 & 2 & 0 & 1 \\ 1 & 0 & 0 & 2 & -1 \\ 0 & 0 & 1 & -1 & 2 \end{bmatrix}$$

智能体的初始状态选择为 $x_1(0) = 5$ ， $x_2(0) = 2.5$ ， $x_3(0) = 1$ ， $x_4(0) = 0$ ， $x_5(0) = -2$ 。

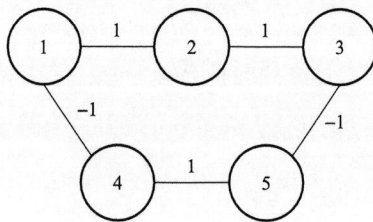

图 8.3　无向符号图

由图 8.3 可以看出，智能体 1～3 和智能体 4、5 分别处于两个不同的边集合中，其中智能体 1～3 处于合作关系，智能体 4、5 处于合作关系，智能体 1～3 和智能体 4、5 之间存在竞争关系。基于假设 8.3 和假设 8.4，选取 DoS 攻击

区间为 $[0.5, 0.8) \cup [2, 2.5) \cup [3, 3.2) \cup [5, 6) \cup [8, 8.4)$。

图 8.4 给出非周期 DoS 攻击和虚假数据注入攻击下的系统状态轨迹，可以观察到多智能体系统实现了期望的二分一致性。图 8.5 为滑模面的轨迹运动变化曲线，其中 $s_i(t) = \sum_{j=1}^{5} a_{ij} (\text{sgn}(a_{ij}) x_i(t) - x_j(t)), i = 1, 2, 3, 4, 5$，可以看出滑模面最终会收敛到稳态。DoS 攻击和虚假数据注入攻击下智能体的控制输入如图 8.6 所示。阴影部分表示系统受到 DoS 攻击的影响。此时，智能体之间的数据传输中断，控制器无法更新，体现在放大图中。由图可以看出，多智能体

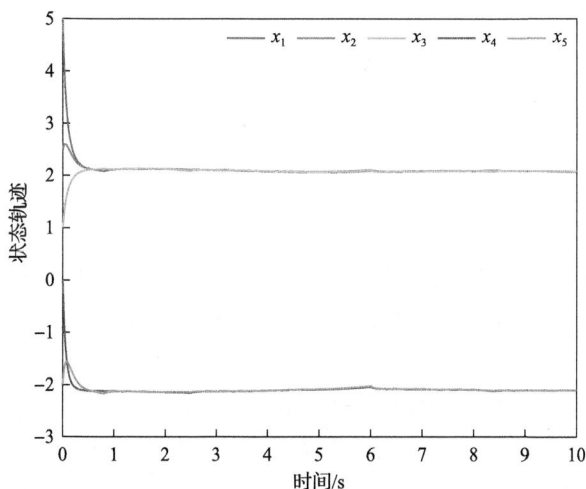

图 8.4　非周期 DoS 攻击和虚假数据注入攻击下的状态轨迹

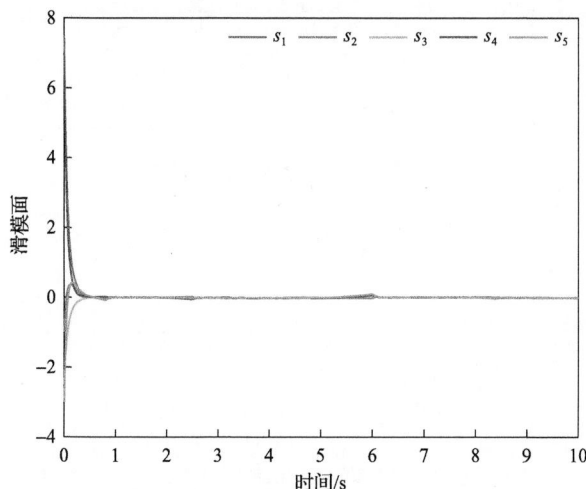

图 8.5　滑模面

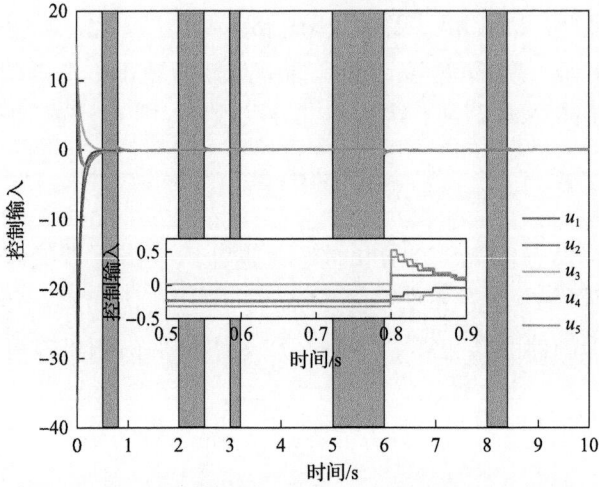

图 8.6　DoS 攻击和虚假数据注入攻击下智能体的控制输入

系统的稳定性并没有受到影响, 证明了本书提出的控制方案的有效性。图 8.7 为触发间隔图。从局部放大图中可以看出, 触发间隔均大于零, 可以得出在执行时间内没有发生 Zeno 现象。

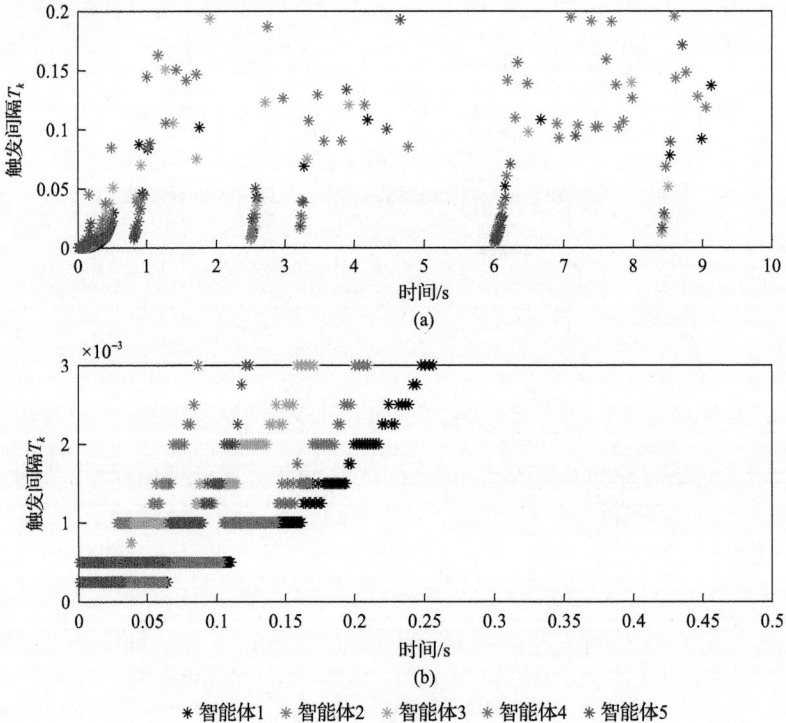

图 8.7　触发间隔图

8.4　本　章　小　结

　　本章研究了具有复杂网络攻击的多智能体系统的事件触发二分一致性问题，其中网络攻击包括非周期 DoS 攻击和虚假数据注入攻击。提出了一种基于事件触发机制的滑模控制算法，可以解决外部扰动和虚假数据注入攻击问题，保证多智能体系统实现期望的二分一致性。为了避免控制资源浪费，将事件触发策略应用于多智能体系统的二分一致性控制中，使控制器仅在某些离散的触发时刻更新，且保证触发瞬间没有 Zeno 现象，即不发生连续的触发。考虑到非周期 DoS 攻击的存在，对其攻击方式进行了详细分析，并通过 Lyapunov 稳定理论和归纳法证明了闭环控制系统的稳定性。

参 考 文 献

[1] Huang D, Jiang H J, Yu Z Y, et al. Cluster-delay consensus in multi-agent systems via pinning leader-following approach with intermittent effect[J]. International Journal of Control, 2018, 91(10): 2261-2272.

[2] Yu Z Y, Jiang H J, Hu C. Second-order consensus for multi-agent systems via intermittent sampled data control[J]. IEEE Transactions on Systems, Man, and Cybernetics: Systems, 2018, 48(11): 1986-2002.

[3] Wen G G, Peng Z X, Rahmani A, et al. Distributed leader-following consensus for second-order multi-agent systems with nonlinear inherent dynamics[J]. International Journal of Systems Science, 2014, 45(9): 1892-1901.

[4] Wu Z G, Xu Y, Lu R Q, et al. Event-triggered control for consensus of multiagent systems with fixed/switching topologies[J]. IEEE Transactions on Systems, Man, and Cybernetics: Systems, 2018, 48(10): 1736-1746.

[5] Zhang W, Hu J H. Optimal multi-agent coordination under tree formation constraints[J]. IEEE Transactions on Automatic Control, 2008, 53(3): 692-705.

[6] Franceschelli M, Gasparri A, Giua A, et al. Decentralized estimation of Laplacian eigenvalues in multi-agent systems[J]. Automatica, 2013, 49(4): 1031-1036.

[7] Li Z K, Duan Z S, Lewis F L. Distributed robust consensus control of multi-agent systems with heterogeneous matching uncertainties[J]. Automatica, 2014, 50(3): 883-889.

[8] Hong Y G, Hu J P, Gao L X. Tracking control for multi-agent consensus with an active leader and variable topology[J]. Automatica, 2006, 42(7): 1177-1182.

[9] Xiao F, Wang L, Chen J, et al. Finite-time formation control for multi-agent systems[J]. Automatica, 2009, 45(11): 2605-2611.

[10] Shi H, Wang L, Chu T. Swarming behavior of multi-agent systems[J]. Journal of Control Theory and Applications, 2004, 2(4): 313-318.

[11] Wen G H, Duan Z S, Li Z K, et al. Flocking of multi-agent dynamical systems with intermittent nonlinear velocity measurements[J]. International Journal of Robust and Nonlinear Control, 2012, 22(16): 1790-1805.

[12] Yu J J, Lavalle S M, Liberzon D. Rendezvous without coordinates[J]. IEEE Transactions on Automatic Control, 2012, 57(2): 421-434.

[13] Degroot M H. Reaching a consensus[J]. Journal of the American Statistical Association, 1974, 69(345): 118-121.

[14] Olfati S R, Murray R M. Consensus problems in networks of agents with switching topology

and time delays[J]. IEEE Transactions on Automatic Control, 2004, 49(9): 1520-1533.

[15] Liu Q S, Wang J. A second-order multi-agent network for bound-constrained distributed optimization[J]. IEEE Transactions on Automatic Control, 2015, 60(12): 3310-3315.

[16] Cheng L, Hou Z G, Lin Y Z, et al. Solving a modified consensus problem of linear multi-agent systems[J]. Automatica, 2011, 47(10): 2218-2223.

[17] Hu J Q, Cao J D, Yu J, et al. Consensus of nonlinear multi-agent systems with observer-based protocols[J]. Systems & Control Letters, 2014, 72: 71-79.

[18] Zuo Z Y, Tie L. A new class of finite-time nonlinear consensus protocols for multi-agent systems[J]. International Journal of Control, 2014, 87(2): 363-370.

[19] Yang T, Meng Z Y, Dimarogonas D V, et al. Global consensus for discrete-time multi-agent systems with input saturation constraints[J]. Automatica, 2014, 50(2): 499-506.

[20] Cheng L, Hou Z G, Tan M. A mean square consensus protocol for linear multi-agent systems with communication noises and fixed topologies[J]. IEEE Transactions on Automatic Control, 2013, 59(1): 261-267.

[21] You K Y, Li Z K, Xie L H. Consensus condition for linear multi-agent systems over randomly switching topologies[J]. Automatica, 2013, 49(10): 3125-3132.

[22] Yu Z Y, Yu S Z, Jiang H J, et al. Distributed consensus for multi-agent systems via adaptive sliding mode control[J]. International Journal of Robust and Nonlinear Control, 2021, 31(15): 7125-7151.

[23] 费思远, 鲜斌, 王岭. 基于群集行为的分布式多无人机编队动态避障控制[J]. 控制理论与应用, 2022, 39(1): 1-11.

[24] Li T S, Zhao R, Chen C L P, et al. Finite-time formation control of under-actuated ships using nonlinear sliding mode control[J]. IEEE Transactions on Cybernetics, 2018, 48(11): 3243-3253.

[25] Rezaee H, Abdollahi F, Menhaj M B. Model-free fuzzy leader-follower formation control of fixed wing UAVs[C]. The 13th Iranian Conference on Fuzzy System, 2013: 1-5.

[26] 孔丽丽. 多水下机器人系统的分布式协同控制[D]. 济南: 山东大学, 2021.

[27] Vicsek T, Czirók A, Ben-Jacob E, et al. Novel type of phase transition in a system of self-driven particles[J]. Physical Review Letters, 1995, 75(6): 1226-1229.

[28] Jadbabaie A, Lin J, Morse A S. Coordination of groups of mobile autonomous agents using nearest neighbor rules[J]. IEEE Transactions on Automatic Control, 2003, 48(6): 988-1001.

[29] Zhang Y, Tian Y P. Consentability and protocol design of multi-agent systems with stochastic switching topology[J]. Automatica, 2009, 45(5): 1195-1201.

[30] 吴承妍, 范玲玲, 吉鸿海, 等. 自适应神经网络的有限时间一致性控制[J]. 控制工程, 2022, 29(3): 455-463.

[31] Cao Y C, Ren W, Meng Z Y. Decentralized finite-time sliding mode estimators with applications

to formation tracking[C]. American Control Conference, 2010: 4610-4615.

[32] Su H S, Chen G R, Wang X F, et al. Adaptive second-order consensus of networked mobile agents with nonlinear dynamics[J]. Automatica, 2011, 47(2): 368-375.

[33] Yoo S J. Distributed consensus tracking for multiple uncertain nonlinear strict-feedback systems under a directed graph[J]. IEEE Transactions on Neural Networks & Learning Systems, 2013, 24(4): 666-672.

[34] Mei J, Ren W, Ma G F. Distributed containment control for Lagrangian networks with parametric uncertainties under a directed graph[J]. Automatica, 2012, 48(4): 653-659.

[35] Cao Y C, Ren W. Containment control with multiple stationary or dynamic leaders under a directed interaction graph[C]. The 28th Chinese Control Conference, 2009: 3014-3019.

[36] Meng Z Y, Ren W, You Z. Distributed finite-time attitude containment control for multiple rigid bodies[J]. Automatica, 2010, 46(12): 2092-2099.

[37] Meng Z Y, Lin Z L, Ren W. Leader-follower swarm tracking for networked Lagrange systems[J]. Systems & Control Letters, 2012, 61(1): 117-126.

[38] Roldao V, Cunha R, Cabecinhas D, et al. A novel leader-following strategy applied to formations of quadrotors[C]. The 2013 European Control Conference, 2013: 1817-1822.

[39] Eskandarpour A, Majd V J. Cooperative formation control of quadrotors with obstacle avoidance and self collisions based on a hierarchical MPC approach[C]. The Second RSI/ISM International Conference on Robotics and Mechatronics, 2014: 351-356.

[40] Dong X W, Yu B C, Shi Z Y, et al. Time-varying formation control for unmanned aerial vehicles: Theories and applications[J]. IEEE Transactions on Control Systems Technology, 2015, 23(1): 340-348.

[41] 王寅秋. 非线性多智能体系统一致性分布式控制[D]. 北京: 北京理工大学, 2015.

[42] Huang N, Duan Z S, Chen G R. Some necessary and sufficient conditions for consensus of second-order multi-agent systems with sampled position data[J]. Automatica, 2016, 63: 148-155.

[43] Dimarogonas D V, Frazzoli E, Johansson K H. Distributed event-triggered control for multi-agent systems[J]. IEEE Transactions on Automatic Control, 2012, 57(5): 1291-1297.

[44] Li H Q, Liao X F, Huang T W, et al. Event-triggering sampling based leader-following consensus in second-order multi-agent systems[J]. IEEE Transactions on Automatic Control, 2015, 60(7): 1998-2003.

[45] Xu W Y, Ho D W C, Li L L, et al. Event-triggered schemes on leader-following consensus of general linear multi-agent systems under different topologies[J]. IEEE Transactions on Cybernetics, 2017, 47(1): 212-223.

[46] Hu W F, Liu L, Feng G. Consensus of linear multi-agent systems by distributed event-triggered

strategy[J]. IEEE Transactions on Cybernetics, 2016, 46(1): 148-157.

[47] Heemels W P M H, Donkers M C F, Teel A R. Periodic event-triggered control for linear systems[J]. IEEE Transactions on Automatic Control, 2013, 58(4): 847-861.

[48] Wang S Q, Cao Y T, Huang T W. Sliding mode control of neural networks via continuous or periodic sampling event-triggering algorithm[J]. Neural Networks, 2020, 121: 140-147.

[49] Bhat S P, Bernstein D S. Finite-time stability of continuous autonomous systems[J]. SIAM Journal on Control and Optimization, 2000, 38(3): 751-766.

[50] Hong Y G, Huang J, Xu Y S. On an output feedback finite-time stabilization problem[J]. IEEE Transactions on Automatic Control, 2001, 46(2): 305-309.

[51] Hong Y G, Jiang Z P. Finite-time stabilization of nonlinear systems with parametric and dynamic uncertaintie[J]. IEEE Transactions on Automatic Control, 2006, 51(12): 1950-1956.

[52] Guan Z H, Sun F L, Wang Y W, et al. Finite-time consensus for leader-following second order multi-agent networks[J]. IEEE Transactions on Circuits and Systems I: Regular Papers, 2012, 59(11): 2646-2654.

[53] Wang L, Xiao F. Finite-time consensus problems for networks of dynamic agents[J]. IEEE Transactions on Automatic Control, 2010, 55(4): 950-955.

[54] Wang X Y, Li S H, Yu X H, et al. Distributed active anti-disturbance consensus for leader follower higher-order multi-agent systems with mismatched disturbances[J]. IEEE Transactions on Automatic Control, 2017, 62(11): 5795-5801.

[55] Zuo Z Y, Han Q L, Ning B D, et al. An overview of recent advances in fixed-time cooperative control of multi-agent systems[J]. IEEE Transactions on Industrial Informatics, 2018, 14(6): 2322-2334.

[56] Silm H, Efimov D, Michiels W, et al. A simple finite-time distributed observer design for linear time-invariant systems[J]. Systems & Control Letters, 2020, 141: 104707.

[57] Polyakov A. Nonlinear feedback design for fixed-time stabilization of linear control systems[J]. IEEE Transactions on Automatic Control, 2012, 57(8): 2106-2110.

[58] Parsegov S, Polyakov A, Shcherbakov P. Fixed-time consensus algorithm for multi-agent systems with integrator dynamics[C]. The 4th IFAC on Distributed Estimation and Control in Networked Systems, 2013: 110-115.

[59] Meng D Y, Zuo Z Y. Signed-average consensus for networks of agents: A nonlinear fixed-time convergence protocol[J]. Nonlinear Dynamics, 2016, 85(1): 155-165.

[60] Fu J J, Wang J Z. Fixed-time coordinated tracking for second-order multi-agent systems with bounded input uncertainties[J]. Systems & Control Letters, 2016, 93: 1-12.

[61] Zuo Z Y. Nonsingular fixed-time consensus tracking for second-order multi-agent networks[J]. Automatica, 2015, 54: 305-309.

[62] Zuo Z Y, Tian B L, Defoort M. Fixed-time consensus tracking for multiagent systems with high-order integrator dynamics[J]. IEEE Transactions on Automatic Control, 2018, 63(2): 563-570.

[63] Wang C Y, Tnunay H, Zuo Z Y. Fixed-time formation control of multirobot systems: Design and experiments[J]. IEEE Transactions on Industrial Electronics, 2019, 66(8): 6292-6301.

[64] Chu X, Peng Z X, Wen G G, et al. Robust fixed-time consensus tracking with application to formation control of unicycles[J]. IET Control Theory and Applications, 2018, 12(1): 53-59.

[65] Chen G, Li Z Y. A fixed-time convergent algorithm for distributed convex optimization in multi-agent systems[J]. Automatica, 2018, 95: 539-543.

[66] Hu B, Guan Z H, Fu M Y. Distributed event-driven control for finite time consensus[J]. Automatica, 2019, 103: 88-95.

[67] Nair R R, Behera R, Kumar S. Event-triggered finite-time integral sliding mode controller for consensus-based formation of multirobot systems with disturbances[J]. IEEE Transactions on Control Systems Technology, 2019, 27(1): 39-47.

[68] Liu J, Zhang Y L, Sun C Y, et al. Fixed-time consensus of multi-agent systems with input delay and uncertain disturbances via event triggered control[J]. Information Sciences, 2019, 480: 261-272.

[69] Olfati S R, Shamma J S. Consensus filters for sensor networks and distributed sensor fusion[C]. The 44th IEEE Conference on Decision and Control, 2005: 6698-6703.

[70] Fax J A, Murray R M. Information flow and cooperative control of vehicle formations[J]. IEEE Transactions on Automatic Control, 2004, 49(9): 1465-1476.

[71] Li H Q, Lu Q G, Huang T W. Distributed projection subgradient algorithm over time-varying general unbalanced directed graphs[J]. IEEE Transactions on Automatic Control, 2018, 64(3): 1309-1316.

[72] Li H Q, Lu Q G, Huang T W. Convergence analysis of a distributed optimization algorithm with a general unbalanced directed communication network[J]. IEEE Transactions on Network Science and Engineering, 2018, 6(3): 237-248.

[73] Manitara N E, Hadjicostis C N. Privacy-preserving asymptotic average consensus[C]. 2013 European Control Conference, 2013: 760-765.

[74] Mo Y L, Murray R M. Privacy preserving average consensus[J]. IEEE Transactions on Automatic Control, 2017, 62(2): 753-765.

[75] Duan X M, He J P, Cheng P, et al. Privacy preserving maximum consensus[C]. The 54th IEEE Conference on Decision and Control, 2015: 4517-4522.

[76] Huang Z Q, Mitra S, Dullerud G. Differentially private iterative synchronous consensus[C]. 2012 ACM Workshop on Privacy in the Electronic Society, 2012: 81-90.

[77] Nozari E, Tallapragada P, Cortes J. Differentially private average consensus with optimal noise selection[J]. IFAC-Papers OnLine, 2015, 48(22): 203-208.

[78] Nozari E, Tallapragada P, Cortes J. Differentially private average consensus: Obstructions, trade-offs, and optimal algorithm design[J]. Automatica, 2017, 81: 221-231.

[79] Gao L, Deng S J, Ren W. Differentially private consensus with an event-triggered mechanism[J]. IEEE Transactions on Control of Network Systems, 2019, 6(1): 60-71.

[80] Altafini C. A system-theoretic framework for privacy preservation in continuous-time multiagent dynamics[J]. Automatica, 2020, 122: 109253.

[81] Wang A J, He H B, Liao X F. Event-triggered privacy-preserving average consensus for multiagent networks with time delay: An output mask approach[J]. IEEE Transactions on Systems, Man, and Cybernetics: Systems, 2021, 51(7): 4520-4531.

[82] Ding D R, Wang Z D, Wei G, et al. Event-based security control for discrete-time stochastic systems[J]. IET Control Theory and Applications, 2016, 10(15): 1808-1815.

[83] Ding D R, Wang Z D, Han Q L, et al. Security control for discrete-time stochastic nonlinear systems subject to deception attacks[J]. IEEE Transactions on Systems, Man, and Cybernetics: Systems, 2018, 48(5): 779-789.

[84] Hu S L, Yue D, Xie X P, et al. Resilient event-triggered controller synthesis of networked control systems under periodic DoS jamming attacks[J]. IEEE Transactions on Cybernetics, 2019, 49(12): 4271-4281.

[85] Xu Y, Fang M, Wu Z G, et al. Input-based event-triggering consensus of multiagent systems under denial-of-service attacks[J]. IEEE Transactions on Systems, Man, and Cybernetics: Systems, 2020, 50(4): 1455-1464.

[86] Liu Y, Ning P, Reiter M R. False data injection attacks against state estimation in electric power grids[J]. ACM Transactions on Information and System Security, 2011, 14(1): 1-33.

[87] Cui Y R, Liu Y, Zhang W B, et al. Sampled-based consensus for nonlinear multiagent systems with deception attacks: The decoupled method[J]. IEEE Transactions on Systems, Man, and Cybernetics: Systems, 2021, 51(1): 561-573.

[88] Ding D R, Wang Z D, Ho D W C, et al. Observer-based event-triggering consensus control for multi-agent systems with lossy sensors and cyber-attacks[J]. IEEE Transactions on Cybernetics, 2017, 47(8): 1936-1947.

[89] Ma L F, Wang Z D, Yuan Y. Consensus control for nonlinear multi-agent systems subject to deception attacks[C]. 2016 International Conference on Automation and Computing, 2016: 21-26.

[90] Feng Z, Hu G Q, Wen G H. Distributed consensus tracking for multi-agent systems under two types of attacks[J]. International Journal of Robust and Nonlinear Control, 2016, 26(5):

5790-5795.

[91] Zhang D, Feng G. A new switched system approach to leader-follower consensus of heterogeneous linear multiagent systems with DoS attack[J]. IEEE Transactions on Systems, Man, and Cybernetics: Systems, 2021, 51(2): 1258-1266.

[92] Feng Z, Wen G H, Hu G Q. Distributed secure coordinated control for multiagent systems under strategic attacks[J]. IEEE Transactions on Cybernetics, 2017, 47(5): 1273-1284.

[93] Amullen E M, Shetty S, Keel L H. Model-based resilient control for a multi-agent system against denial of service attacks[C]. 2016 World Automation Congress, 2016: 1-6.

[94] Gao R, Huang J S, Wang L. Leaderless consensus control of uncertain multi-agents systems with sensor and actuator attacks[J]. Information Sciences, 2019, 505: 144-156.

[95] Guo L N, Zheng B C, Liu X G. Event-triggered sliding-mode control of linear uncertain system under periodic DoS attacks[C]. 2020 Chinese Control and Decision Conference, 2020: 1080-1085.

[96] Xu W Y, Ho D W C, Zhong J, et al. Event/Self-triggered control for leader following consensus over unreliable network with DoS attacks[J]. IEEE Transactions on Neural Networks and Learning Systems, 2019, 30(10): 3137-3149.

[97] Cheng Z H, Yue D, Hu S L, et al. Distributed event-triggered consensus of multi-agent systems under periodic DoS jamming attacks[J]. Neurocomputing, 2020, 400: 458-466.

[98] Feng Z, Hu G Q. Distributed secure leader-following consensus of multi-agent systems under DoS attacks and directed topology[C]. 2017 IEEE International Conference on Information and Automation, 2017: 73-79.

[99] Holland J H. Adaptation in natural and artificial systems: An introductory analysis with applications to biology, control and artificial intelligence[M]. Ann Arbor: University of Michigan Press, 1975.

[100] 李瑶. 遗传算法在船舶避碰行动决策中的应用研究[D]. 大连: 大连海事大学, 2013.

[101] 倪生科, 刘正江, 蔡垚, 等. 基于遗传算法的船舶避碰决策辅助[J]. 上海海事大学学报, 2017, 38(1): 12-15.

[102] 任鹏. 基于船舶碰撞危险度的避碰决策研究[D]. 大连: 大连海事大学, 2015.

[103] 李洋. 基于合作博弈论的社会化多机器人协作方法研究[D]. 上海: 上海大学, 2015.

[104] 高江徽, 鲁力群, 李辉. 基于 BP 神经网络的 AGV 防撞预测方法研究[J]. 汽车实用技术, 2020, (3): 226-229.

[105] Eberhart R C, Kennedy J. A new optimizer using particle swarm theory[C]. The 6th International Symposium on Micro Machine and Human Science, 1995: 39-43.

[106] Ge S S, Cui Y J. New potential functions for mobile robot path planning[J]. IEEE Transactions on Robotics and Automation, 2000, 16(5): 615-620.

[107] Kowdiki H K, Barai K R, Bhattachara A. A hybrid system simulation for formation control of wheeled mobile robots: An application of artificial potential field and kinematic controller[J]. International Journal of Engineering Technology Science and Research, 2017, 4(11): 247-258.

[108] 代冀阳, 殷林飞, 杨保健, 等. 一种矢量人工势能场的多智能体编队避障算法[J]. 计算机仿真, 2015, 32(3): 388-392.

[109] 甄然, 甄世博, 吴学礼. 一种基于人工势场的无人机航迹规划算法[J]. 河北科技大学学报, 2017, 38(3): 278-284.

[110] Huang Y F, Liu W, Li B, et al. Finite-time formation tracking control with collision avoidance for quadrotor UAVs[J]. Journal of Franklin Institute, 2020, 357(7): 4034-4058.

[111] Li S H, Wang X Y. Finite-time consensus and collision avoidance control algorithms for multiple AUVs[J]. Automatica, 2013, 49(11): 3359-3367.

[112] Wang D D, Zong Q, Tian B L, et al. Finite-time fully distributed formation reconfiguration control for UAV helicopters[J]. International Journal of Robust and Nonlinear Control, 2018, 28(18): 5943-5961.

[113] Wang D D, Zong Q, Tian B L, et al. Adaptive finite time reconfiguration control of unmanned aerial vehicles with a moving leader[J]. Nonlinear Dynamics, 2019, 95(2): 1099-1116.

[114] Liu Y, Huang P F, Zhang F, et al. Distributed formation control using artificial potentials and neural network for constrained multiagent systems[J]. IEEE Transactions on Control Systems Technology, 2020, 28(2): 697-704.

[115] Wu T, Wang J, Tian B L. Periodic event-triggered formation control for multi-UAV systems with collision avoidance[J]. Chinese Journal of Aeronautics, 2022, 35(8): 193-203.

[116] Xu Z Q, Li C D, Li Y, et al. Bipartite consensus of nonlinear discrete-time multi-agent systems via variable impulsive control[J]. International Journal of Control, Automation and Systems, 2022, 20(2): 461-471.

[117] Zhang H W, Chen J. Bipartite consensus of multi-agent systems over signed graphs: State feedback and output feedback control approaches[J]. International Journal of Robust and Nonlinear Control, 2017, 27(1): 3-14.

[118] Yang Y L, Ji Z J, Tian L, et al. Bipartite consensus of high-order edge dynamics on coopetition multiagent systems[J]. Mathematical Problems in Engineering, 2019: 1628239.

[119] Zhang H W, Chen J. Bipartite consensus of general linear multi-agent systems[C]. 2014 American Control Conference, 2014: 808-812.

[120] Wang Q, He W L, Zino L, et al. Bipartite consensus for a class of nonlinear multi-agent systems under switching topologies: A disturbance observer-based approach[J]. Neurocomputing, 2022, 488: 130-143.

[121] Ning B D, Han Q L, Zuo Z Y. Bipartite consensus tracking for second-order multiagent

systems: A time-varying function-based preset-time approach[J]. IEEE Transactions on Automatic Control, 2021, 66(6): 2739-2745.

[122] Zhu Y R, Li S L, Ma J Y, et al. Bipartite consensus in networks of agents with antagonistic interactions and quantization[J]. IEEE Transactions on Circuits and Systems II: Express Briefs, 2018, 65(12): 2012-2016.

[123] Cai Y L, Zhang H G, Duan J, et al. Distributed bipartite consensus of linear multiagent systems based on event-triggered output feedback control scheme[J]. IEEE Transactions on Systems, Man, and Cybernetics: Systems, 2021, 51(11): 6743-6756.

[124] Xu Y L, Wang J H, Zhang Y W, et al. Event-triggered bipartite consensus for high-order multi-agent systems with input saturation[J]. Neurocomputing, 2020, 379: 284-295.

[125] Duan J, Zhang H G, Han J, et al. Bipartite output consensus of heterogeneous linear multi-agent systems by dynamic triggering observer[J]. ISA Transactions, 2019, 92: 14-22.

[126] Chen X, Yu H, Hao F. Prescribed-time event-triggered bipartite consensus of multiagent systems[J]. IEEE Transactions on Cybernetics, 2022, 52(4): 2589-2598.

[127] Cong M Y, Mu X W, Hu Z H. Sampled-data-based event-triggered secure bipartite tracking consensus of linear multi-agent systems under DoS attacks[J]. Journal of the Franklin Institute, 2021, 358(13): 6798-6817.

[128] Wang X J, Cao Y, Niu B, et al. A novel bipartite consensus tracking control for multiagent systems under sensor deception attacks[J]. IEEE Transactions on Cybernetics, 2023, 53(9): 5984-5993.

[129] Wu T, Cai G B, Wang J, et al. Distributed event-triggered control for bipartite consensus under complex cyber-attacks[J]. International Journal of Robust and Nonlinear Control, 2023, 33(11): 5997-6010.

[130] Li Z K, Duan Z S. Cooperative Control of Multi-Agent Systems: A Consensus Region Approach[M]. Florida: CRC Press, 2014.

[131] Ren W, Beard R W. Consensus seeking in multiagent systems under dynamically changing interaction topologies[J]. IEEE Transactions on Automatic Control, 2005, 50(5): 655-661.

[132] 刘金锟. 滑模变结构控制 MATLAB 仿真: 基本理论与设计方法[M]. 北京: 清华大学出版社, 2019.

[133] Mei J, Ren W, Ma G F. Distributed coordinated tracking for multiple Euler-Lagrange systems[C]. The 49th IEEE Conference on Decision and Control, 2010: 3208-3213.

[134] Oh K K, Park M C, Ahn H S. A survey of multi-agent formation control[J]. Automatica, 2015, 53: 424-440.

[135] Dong X W, Zhou Y, Ren Z. Time-varying formation tracking for second-order multi-agent systems subjected to switching topologies with application to quadrotor formation flying[J].

IEEE Transactions on Industrial Electronics, 2017, 64(6): 5014-5024.

[136] Fu J J, Wang J Z. Adaptive coordinated tracking of multi-agent systems with quantized information[J]. Systems & Control Letters, 2014, 74: 115-125.

[137] Jiang B Y, Hu Q L, Friswell M I. Fixed-time attitude control for rigid spacecraft with actuator saturation and faults[J]. IEEE Transactions on Control Systems Technology, 2016, 24(5): 1892-1898.

[138] Chen X L, Wang Y G, Hu S L. Event-based robust stabilization of uncertain networked control systems under quantization and denial-of-service attacks[J]. Information Science, 2018, 459: 369-386.

[139] Yamchi M H, Esfanjani R M. Distributed predictive formation control of networked mobile robots subject to communication delay[J]. Robotics and Autonomous Systems, 2017, 91: 194-207.

[140] Kuwata Y, How J P. Cooperative distributed robust trajectory optimization using receding horizon MILP[J]. IEEE Transactions on Control Systems Technology, 2011, 19(2): 423-431.